Yosr Kadri
Ons Haddad
Amina Ben Brahim

Staphylococcus aureus e resistência aos antibióticos: o que há de novo?

Yosr Kadri
Ons Haddad
Amina Ben Brahim

Staphylococcus aureus e resistência aos antibióticos: o que há de novo?

ScienciaScripts

Imprint
Any brand names and product names mentioned in this book are subject to trademark, brand or patent protection and are trademarks or registered trademarks of their respective holders. The use of brand names, product names, common names, trade names, product descriptions etc. even without a particular marking in this work is in no way to be construed to mean that such names may be regarded as unrestricted in respect of trademark and brand protection legislation and could thus be used by anyone.

Cover image: www.ingimage.com

This book is a translation from the original published under ISBN 978-620-6-72452-0.

Publisher:
Sciencia Scripts
is a trademark of
Dodo Books Indian Ocean Ltd. and OmniScriptum S.R.L publishing group

120 High Road, East Finchley, London, N2 9ED, United Kingdom
Str. Armeneasca 28/1, office 1, Chisinau MD-2012, Republic of Moldova, Europe
Printed at: see last page
ISBN: 978-620-8-32993-8

Conteúdo

1 INTRODUÇÃO

S. aureus é uma bactéria Gram-positiva pertencente à família *Staphylococcaceae* [1]. *S. aureus* faz parte da flora comensal cutâneo-mucosa dos seres humanos [2]. No entanto, é a espécie mais virulenta do género, causando infecções hospitalares e comunitárias em todo o mundo. Este germe é dotado de numerosos factores de virulência, tais como adesinas que permitem a colonização do hospedeiro, a cápsula, enzimas (coagulase e estafiloquinase) e toxinas (hemolisina a, B, 5 e leucocidina de Panton Valentine ou PVL) que protegem a bactéria contra as defesas do hospedeiro e promovem a propagação da infeção [3,4]. Estes factores estão implicados numa variedade de patologias com diferentes graus de gravidade. De facto, esta bactéria é uma das causas mais frequentes de infecções por piogénicos, estando implicada em quase 45% das infecções da pele e dos tecidos moles. emeA bacteriémia, que representa a segunda causa mais frequente de infeção, com cerca de 20,8%, é responsável por uma taxa de mortalidade elevada, entre 20% e 40%. A pneumonia, que representa cerca de 18,3% dos casos, está associada a uma elevada taxa de mortalidade se for causada por *S. aureus* secretor de PVL responsável por pneumonite necrosante, com uma taxa de mortalidade de cerca de 30-75%. As infecções relacionadas com dispositivos médicos e as infecções do trato urinário representam apenas 3% e 6%, respetivamente [1,2,5-8].

As infecções estafilocócicas continuam a ser uma das principais causas de mortalidade e morbilidade em todo o mundo, apesar do desenvolvimento de agentes antimicrobianos. Foram registadas alterações dramáticas na sensibilidade de *S. aureus* aos antibióticos, em especial à penicilina e aos antibióticos betalactâmicos. Estas bactérias tornaram-se cada vez mais multi-resistentes e desenvolveram recentemente resistência à vancomicina, que tem sido utilizada há vários anos para tratar estirpes de MRSA [3].

O Staphylococcus aureus resistente à meticilina (MRSA) é uma das principais causas de infecções comunitárias e hospitalares em todo o mundo [9]. O MRSA foi identificado pela primeira vez há mais de cinco décadas. Desde então, tem sofrido uma expansão epidemiológica e uma rápida mudança, causando uma vasta gama de infecções que podem levar à sépsis e à morte. A primeira epidemia foi descrita na década de 1960. Os Centros de Controlo e Prevenção de Doenças (CDC) classificaram o MRSA como uma "ameaça grave", uma vez que está associado a internamentos hospitalares prolongados e, por conseguinte, a um encargo económico, ao aparecimento de clones com suscetibilidade reduzida a uma vasta gama de agentes antimicrobianos e a uma mortalidade significativa. Segundo a OMS, a resistência à meticilina (MRSA) aumenta a taxa de mortalidade dos doentes infectados em 64% e, de acordo com dados canadianos, as taxas de mortalidade associadas à bactéria MRSA constituem 18,6% em 2021 [10-12].

Centenas de milhares de mortes em todo o mundo devem-se à resistência antimicrobiana. Prevê-se que, se o problema não for tratado adequadamente, mais de 10 milhões de mortes anuais serão causadas por microrganismos resistentes aos antimicrobianos até 2050, ultrapassando as mortes relacionadas com o cancro. A vigilância e a notificação exaustivas e coordenadas são a pedra angular dos esforços de controlo da resistência antimicrobiana [13].

Daí o interesse deste trabalho, que incluiu todas as estirpes de *S. aureus* isoladas no laboratório de microbiologia do Hospital Universitário Fattouma Bourguiba em Monastir entre 2012 e 2022, e que tem os seguintes objectivos

- Estudar a epidemiologia dos isolados *de S. aureus* ao longo dos anos do estudo nos diferentes departamentos e nas diferentes amostras recolhidas.
- Estudar a resistência das estirpes *de S. aureus* a diferentes agentes antimicrobianos.

2 MATERIAIS E MÉTODOS

1. Equipamento

1.1. Tipo, população e localização do estudo

O nosso estudo é retrospetivo e descritivo, abrangendo um período de 11 anos (de janeiro de 2012 a 31 de dezembro de 2022). Inclui todas as estirpes bacterianas de *Staphylococcus aureus* isoladas de todas as amostras bacteriológicas. Estas amostras foram recolhidas de pacientes hospitalizados e/ou consultados no Hospital Universitário Fattouma Bourguiba em Monastir, bem como de pacientes consultados nas estruturas de saúde de 1 linha na região de Monastir (Centros de Saúde Básicos e hospitais regionais).

1.2. Hospital Universitário Fattouma Bourguiba, Monastir

Este hospital é um centro hospitalar universitário que participa na formação universitária e pós-graduada.

É composto por 23 departamentos, a saber

- 15 departamentos médicos: Cardiologia A e B, Endocrinologia, Medicina Interna, Pneumologia, Reumatologia, Doenças Infecciosas, Gastro-Hepato-Enterologia, Nefrologia, Neurologia, Psiquiatria, Dermatologia, Pediatria, Urgência, Medicina do Trabalho, Cuidados Intensivos.
- 8 departamentos cirúrgicos: Cirurgia Geral, Cirurgia Ortopédica, Urologia, Neurocirurgia, Cirurgia Pediátrica, Oftalmologia, Otorrinolaringologia, Anestesia e Cuidados Intensivos.

O número de camas activas é de 874

O número médio de internamentos hospitalares entre 2012 e 2022 foi de 3 661.

2. Métodos

2.1. Recolha de dados

A fonte dos dados utilizados neste estudo foi o software "Sirscan", um ficheiro informático utilizado no laboratório de microbiologia do Hospital Universitário Fattouma Bourguiba em Monastir para a introdução de dados e análise estatística.

Para cada isolado, os dados recolhidos são :

- Serviço de origem do doente
- A natureza da amostra bacteriológica
- Sensibilidade desta estirpe bacteriana aos vários antibióticos testados

As estirpes redundantes foram eliminadas manualmente.

2.2. Tipo de amostragem

No laboratório, é recolhida uma grande variedade de amostras. Estas são :

- Hemoculturas
- ECBU (Exame citobacteriológico de urina)
- Amostras de pus

• Superficial: por esfregaço de pus de uma ferida ou lesão cutânea superinfectada.

- Fundo: Abces, coleção de pus

- Amostras respiratórias: Exame citobacteriológico do esputo (ECE), Lavagem bronco-alveolar (LBA), Aspiração traqueal (AT), Amostragem distal protegida (APD)
- Amostras colhidas de equipamentos (cateter, sonda, etc.)
- Líquidos de punção: líquido cefalorraquidiano (LCR), líquido pleural, líquido peritoneal, líquido ascítico, líquido articular
- Outras amostras, tais como amostras genitais, amostras oftalmológicas, etc.

2.3 ISOLAMENTO E IDENTIFICAÇÃO DE S. AUREUS

A identificação bacteriana da estirpe envolve uma série de caraterísticas bacteriológicas do germe, em particular caraterísticas morfológicas, culturais e bioquímicas.

2.3.1. CARATERÍSTICAS MORFOLÓGICAS

- O exame direto no estado fresco mostra cocos com cerca de 0,5 a 1 iim de diâmetro, tipicamente dispostos em grupos ou cachos de uva, por vezes organizados em diplococos ou cadeias curtas.
- O exame direto após a coloração de Gram mostra bactérias que se coram de púrpura, conhecidas como bactérias Gram-positivas **(Figura 1).**

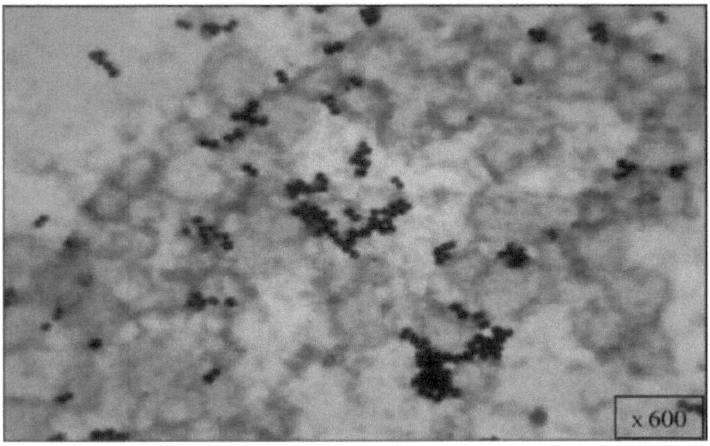

Figura 1: Aspeto de S. aureus na coloração de Gram

2.3.2. Caraterísticas culturais

É um germe aeróbio-anaeróbio facultativo não exigente que cresce em gelose comum após 18 a 24 horas e tolera variações de temperatura (24°-37°), bem como variações de PH.

Esta bactéria apresenta o aspeto de colónias bastante grandes, com cerca de 1 mm de diâmetro, redondas, regulares, salientes, lisas e brilhantes (tipo liso). São também cremosas ou pigmentadas de amarelo.

A pigmentação amarelo-dourada pode apontar para *S. aureus* **(Figura 2).**

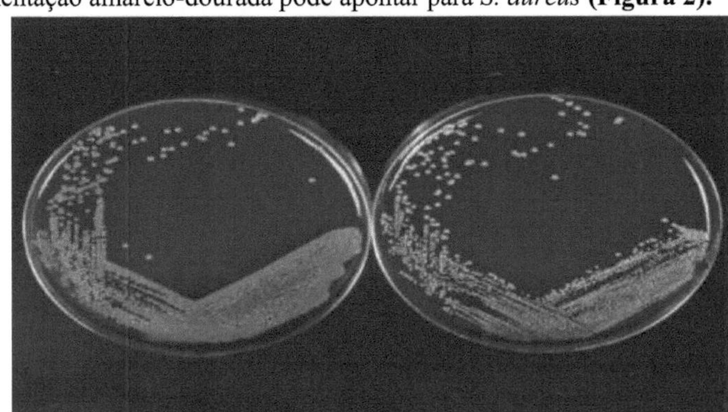

Figura 2: Aspeto de S. aureus em cultura

As amostras polimicrobianas são inoculadas em meios selectivos, em especial o meio Chapman. A presença de manitol e a elevada concentração de Nacl neste meio (7,5%) seleciona as bactérias halotolerantes. As colónias de *S. aureus* em gelose Chapman apresentam uma mudança de cor de vermelho para amarelo. Esta alteração deve-se à fermentação do manitol e à acidificação do meio **(Figura**

3).

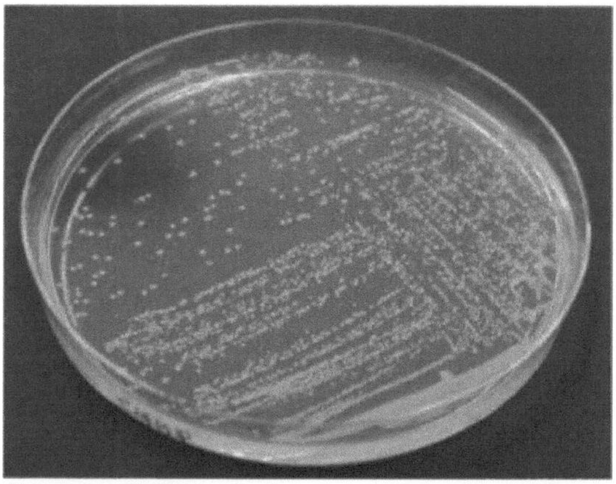

Figura 3: Cultura de S. aureus em meio Chapman

2.3.3. CARATERÍSTICAS BIOQUÍMICAS

Estas caraterísticas ajudam a identificar e, por vezes, a confirmar a estirpe bacteriana.

2.3.3.1 Identificação do género

2.3.3.1.1. Teste da catalase

Este teste permite distinguir entre o género *Staphylcoccus* e os outros géneros de cocos Gram-positivos. Consiste em demonstrar a produção da enzima catalase pelas bactérias testadas em contacto com peróxido de hidrogénio. Um teste positivo resulta na libertação de bolhas.

Um teste de catalase positivo aponta para o género *Staphylococcus* **(figura 4)**.

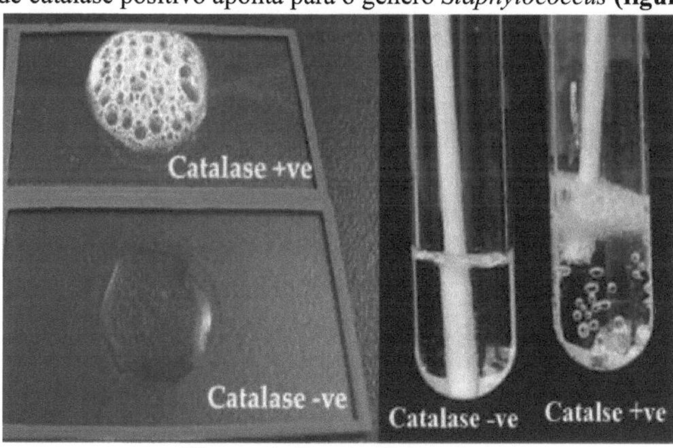

Figura 4: Ensaio da catalase

Catalase positiva: Aparecimento de bolhas, diz-se que a bactéria é catalase (+)

Catalase negativa: Não aparecem bolhas, diz-se que a bactéria é catalase (-)

2.3.3.2 Identificação das espécies

2.3.3.2.1. Teste da coagulase livre (Figura 5)

A coagulase ou estafilocoagulase é uma enzima capaz de coagular o plasma sanguíneo através da conversão do fibrinogénio em fibrina após a formação de estafilotrombina.

O teste da coagulase consiste em misturar 0,5 ml de soro de coelho com 0,5 ml de uma suspensão densa da bactéria e incubar durante 24 horas a 37°C. Um teste positivo é indicado pela formação de coágulos. No entanto, é necessário observar a reação de 2 em 2 horas devido ao risco de redissolução do coágulo formado por fibrinólise.

Este teste é utilizado para diferenciar *S. aureus* de outras espécies coagulase negativas (SCN).

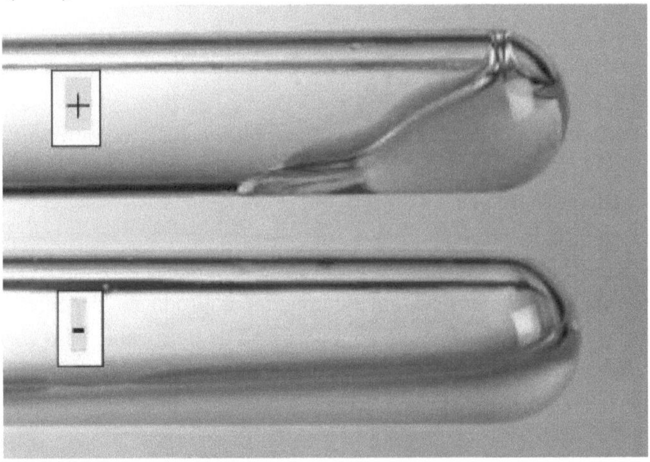

Figura 5: Teste da coagulase livre

2.3.3.2.2. Teste da desoxirribonuclease (DNase)

Este teste é utilizado para determinar a capacidade do agente patogénico para hidrolisar o ADN e utilizá-lo como fonte de carbono e energia para o crescimento.

Este teste é efectuado da seguinte forma:

- Inocular uma estria da estirpe isolada numa gelose que contenha ADN.
- Inundar a gelose com HCl diluído a 1:10 (1M) após 18 horas de incubação.

Uma reação positiva resulta na formação de uma auréola clara que duplica a estria de Staphylococcus em 5 a 10 minutos **(figura 6)**.

Este teste é utilizado para diferenciar *S. aureus* de outras espécies de Staphylococcus.

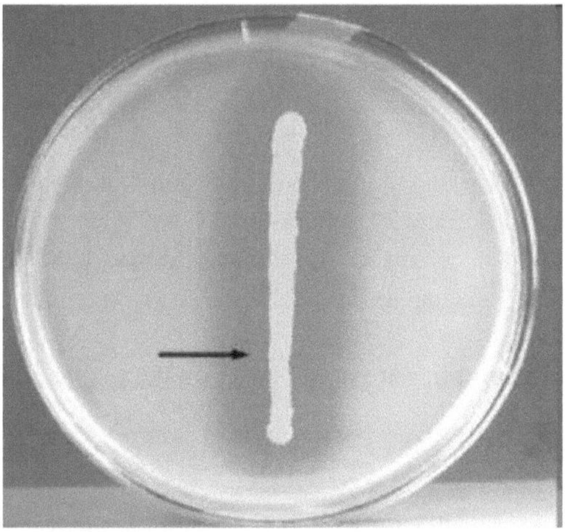

Figura 6: Deteção de DNase

2.3.3.2.3. Cultura em meio Chapman

A presença de manitol e vermelho de fenol indica a natureza de manitol da bactéria. A fermentação do manitol produz um composto ácido que torna amarelo o vermelho de fenol na gelose. Esta caraterística favorece a espécie *aureus* **(Figura 7)**.

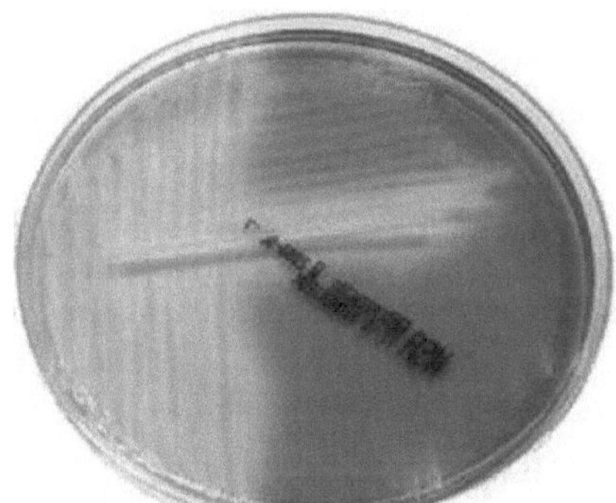

Figura 7: Fermentação do manitol Tornando o meio circundante amarelo

2.3.3.2.4. O cartão VITEK® PLC GP

Trata-se de uma identificação bioquímica efectuada pelo sistema automatizado VITEK, utilizando cartões específicos de identificação de bactérias Gram-positivas, denominados cartões GP.

2.4. Realização de um antibiograma

Para além da identificação bacteriana, deve ser efectuado um teste de suscetibilidade aos antibióticos, dada a frequência de estirpes resistentes aos antibióticos e para demonstrar a resistência adquirida aos antibióticos.

Os testes de suscetibilidade aos antibióticos devem ser realizados de acordo com as recomendações do Comite de l'Antibiogramme de la Societe Frangaise de Microbiologie (CA-SFM) e do Comité Europeu para os Testes de Suscetibilidade Antimicrobiana (EUCAST).

A técnica utilizada é o método de difusão em gelose (gelose Mueller-Hinton). O inóculo é de 0,5 McFarland com incubação numa atmosfera normal a uma temperatura de 35±2°C durante 20±4 horas.

A determinação da Concentração Inibitória Mínima (CIM) em determinadas situações é também efectuada de acordo com as recomendações CASFM-EUCAST.

A estirpe de referência utilizada para o controlo de qualidade é *Staphylococcus aureus* ATCC 29213.

2.4.1. ANTIBIÓTICOS TESTADOS

Os antibióticos testados foram :

penicilina G (1U), o\acilina(5Lg) e/ou cefoxitina(30^g), canamicina(30^g), tobramicina(10^g), gentamicina(10^g), tetraciclina(30^g) cloranfenicol(30^g), eritromicina(15^g), lincomicina(15iig), pnstinamicina(15iig) e/ou quinupristina-dalfopristina (15p.g), ofloxacina(5^g), norfloxacina(10^g), ciprofloxacina(5^g), le\4)llo\acina(5iig), ácido lusicílico(1(.)iig), trimetoprima+sulfonamidas (1,25+23,75p.g), fosfomicina (50 ng), rifampicina (5p,g), vancomicina (5tig) e teicoplanina(30^g).

2.4.2. LER O ANTIBIOGRAMA

Foram seguidas as recomendações EUCAST para os últimos dez anos do nosso estudo. As estirpes de suscetibilidade intermédia são classificadas como resistentes.

Os glicopeptídeos são uma alternativa à oxacilina em caso de resistência ou intolerância. A resistência a estes antibióticos é detectada através da determinação das CIM por microdiluição num meio líquido, que é o método de referência.

O método de difusão (gradiente de discos e tiras) não pode ser utilizado, uma vez que não permite a diferenciação entre estirpes sensíveis aos glicopeptídeos e estirpes com sensibilidade reduzida.

De acordo com o CA-SFM, as estirpes *de S. aureus* com uma CIM de vancomicina e/ou teicoplanina > 1 mg/L por microdiluição em meio líquido tornam-se resistentes.

2.5. ESTUDO ESTATÍSTICO

A base de dados e a análise estatística foram realizadas com recurso ao Excel 2013 e ao SPSS (IBM SPSS Statistics 20).

^{2}O teste utilizado é o teste x (teste do qui-quadrado).

O nível de significância estatística é p= 0,05

- Se p < 0,05: o resultado é estatisticamente significativo
- Se p > 0,05: o resultado é estatisticamente insignificante
- NA: ensaio Não Aplicável.

3 RESULTADOS

1. DISTRIBUIÇÃO DAS ESTIRPES de S. AUREUS POR ANO DE ESTUDO

Durante o período de estudo, foram isoladas 34810 bactérias no laboratório de microbiologia do Hospital Universitário Fattouma Bourguiba em Monastir. Entre estas bactérias, 4541 eram estirpes *de S. aureus* com uma média de 412 estirpes por ano, ou seja, uma prevalência de 13%. A prevalência variou entre 10,7% e 19%. O valor mais elevado foi registado em 2022 (19%, n=491), enquanto o mais baixo foi observado em 2020 (10,7%, n=291) **(Quadro I)**.

Tabela I: Prevalência de estirpes de S. aureus por ano de estudo do estudo

Ano	Número de estirpes *de S. aureus*	Número total de isolados	Prevalência (%*)
2012	479	4124	11,6
2013	432	3734	11,6
2014	452	3553	12,7
2015	383	2755	13,9
2016	370	2683	13,8
2017	413	3147	13,1
2018	441	3252	13,6
2019	471	3682	12,8
2020	291	2712	**10,7**
2021	318	2584	12,3
2022	491	2584	**19**
Total	4541	34810	13

***: Rácio entre as estirpes *de S. aureus* isoladas durante o ano de estudo e o número total de bactérias isoladas durante o mesmo ano.**

2. DISTRIBUIÇÃO DOS ISOLADOS de S. AUREUS POR DEPARTAMENTO

A distribuição das estirpes *de S. aureus* diferiu entre departamentos. Esta bactéria foi isolada principalmente em doentes hospitalizados nas enfermarias de cirurgia (n=1851, 40,8%), principalmente nas enfermarias de ortopedia (n=799, 17,6%). Nas enfermarias de medicina, foram isoladas 1265 estirpes de *S. aureus*, o que corresponde a uma taxa de 27,9%. Entre estes serviços, o serviço de nefrologia ocupou o primeiro lugar (n=336, ou seja, 7,4%), seguido do serviço de dermatologia (n=239, ou seja, 5,3%). Por outro lado, a prevalência mais elevada foi registada nos serviços de medicina (18%), em particular na dermatologia (39,6%), seguida da cirurgia (11,9%) e das unidades de saúde (10,4%) **(Quadro II)**.

Tabela II: Distribuição dos isolados de S. aureus por departamento

Serviços	Força de trabalho	Percentagem (%*)	Número de amostras positivas	Prevalência (%**)
Departamentos cirúrgicos	**1851**	**40,8**	**15577**	**11,9**
Ortopedia	799	17,6	2375	33,6
Outros serviços cirúrgicos [1]	1052	23,2	13202	8
Serviços médicos	**1265**	**27,9**	**7008**	**18**

Nefrologia	336	7,4	2363	14,2
Dermatologia	239	5,3	603	39,6
Outros serviços médicos [2]	690	15,2	4042	17,1
Unidades de cuidados intensivos	**527**	**11,6**	**7480**	**7**
Anestesia e cuidados intensivos	379	8,3	4892	7,7
Reanimação médica	148	3,3	2588	5,7
Estruturas sanitárias[3]	**457**	**10**	**4372**	**10,4**
Serviço de pediatria	**289**	**6,4**	**4064**	**7,1**
Serviço de urgência	**152**	**3,3**	**4892**	**3,1**
Total	4541	100	43393	10,5

: Rácio entre o número de estirpes *de S. aureus* isoladas no departamento e o número total de estirpes *de S. aureus.

****: Rácio entre o número de estirpes *de S. aureus* isoladas no departamento e o número total de amostras positivas no departamento em causa.**

[1] : Cirurgia pediátrica, Otorrinolaringologia, Cirurgia geral, Ginecologia, Urologia, Oftalmologia, Neurocirurgia.

[2] Cardiologia, Neonatologia, Reumatologia, Pneumologia, Endocrinologia, Gastrologia, Psiquiatria, Medicina Interna, Neurologia, Medicina do Trabalho, Doenças Infecciosas.

[3] : dispensários locais e hospitais regionais.

3. TENDÊNCIAS POR ANO DAS ESTIRPES de S. AUREUS ISOLADAS DE VÁRIOS SERVIÇOS

Durante o período do estudo, a frequência de isolamento de cepas *de S. aureus* nos departamentos cirúrgicos variou de 32,2% em 2017 (n=133) a 48,1% em 2013 (n=208). Os departamentos médicos apresentaram percentagens que variaram entre 22,2% em 2022 (n=109) e 32,4% em 2012 (n=155). Além disso, as frequências de cepas *de S. aureus* flutuaram entre 2,2% em 2014 (n = 10) e 5,8% em 2020 (n = 17) no departamento de emergência e entre 4,2% em 2014 (n = 19) e 2019 (n = 20) e 9,7% em 2021 (n = 31) no departamento pediátrico. Relativamente às unidades de cuidados intensivos, a percentagem varia entre 5,6% em 2013 (n=24) e 17,1% em 2022 (n=84) **(Figura 8)**.

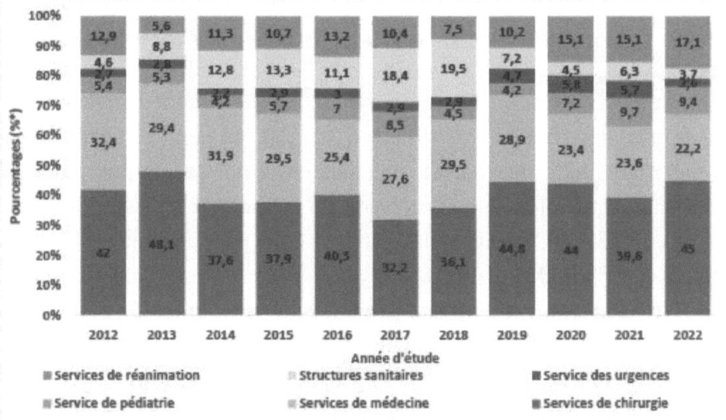

Figura 8: Frequência de estirpes *de 5. aureus* por ano e departamento

* **Rácio entre as estirpes *de S. aureus* isoladas no departamento durante o ano do estudo e o número total de estirpes *de S. aureus* isoladas durante o mesmo ano.**

departamentos cirúrgicos: cirurgia ortopédica, cirurgia pediátrica, ORL, cirurgia geral, ginecologia, urologia, oftalmologia, neurocirurgia.

departamentos médicos: Nefrologia, Dermatologia, Cardiologia, Neonatologia, Reumatologia, Pneumologia, Endocrinologia, Gastrologia, Psiquiatria, Medicina Interna, Neurologia, Medicina do Trabalho, Doenças Infecciosas.

Estruturas sanitárias: dispensários locais e hospitais regionais.

Uma análise dos isolados *de S. aureus* dos departamentos mais afectados mostrou que, no departamento de ortopedia, a taxa de estirpes isoladas foi estável, variando entre 12,3% em 2017 (n=51) e 24% em 2013 (n=102). No departamento de nefrologia, a taxa de estirpes recolhidas atingiu 11% em 2018 e 2019, tendo sido baixa nos outros anos. A partir de 2018, a taxa de isolados *de S. aureus* diminuiu no departamento de dermatologia. Caiu de 7% para cerca de 4% (**Figura 9**).

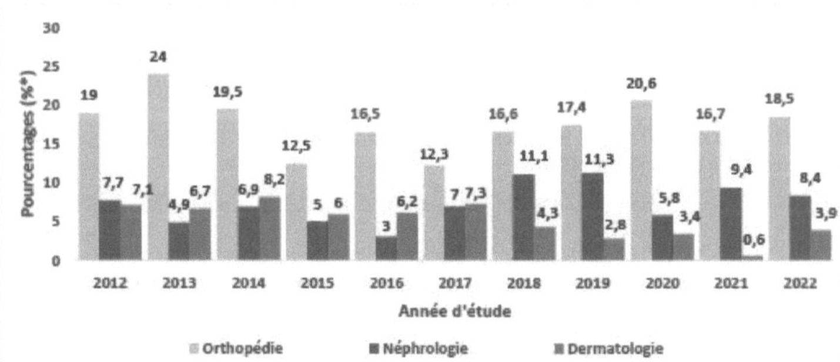

Figura 9: Percentagem de estirpes *de 5. aureus* por ano nos serviços de ortopedia, nefrologia e dermatologia

* **Rácio entre as estirpes de *5. aureus* isoladas no departamento durante o ano do estudo e o número total de estirpes *de 5. aureus* isoladas no mesmo ano.**

4. DISTRIBUIÇÃO DOS ISOLADOS de S. AUREUS POR AMOSTRA

4.1. NÚMERO, FREQUÊNCIA E PREVALÊNCIA DE ISOLADOS *de 5. AUREU5* POR PROJECTO

emeAproximadamente metade das estirpes *de S. aureus* foram isoladas a partir de amostras de pus superficial (n = 1916, ou 42,2%), as hemoculturas ocuparam o segundo lugar (n = 825, ou 18,2%), seguidas das amostras de pus profundo (n = 762, ou 16,8%). A prevalência mais elevada foi também observada nas amostras de pus superficial (23,7%), seguida das amostras de pus profundo (17,7%) e das hemoculturas (16,7%) **(Quadro III).**

Tabela III: Número, frequência e prevalência de isolados de S. aureus por coleção

Tipo de imposição	Número de amostras positivas para *S. aureus*	Percentagem (%*)	Número total de amostras positivas	Prevalência (%**)
Amostras superficiais de pus	1916	**42,2**	8080	**23,7**
Cultura de sangue	825	**18,2**	4945	**16,7**
Amostragem profunda de pus	762	**16,8**	4297	**17,7**
Amostragem respiratória[1]	439	9,7	5066	8,7
ECBU[2]	199	4,4	19643	1
Punção[3]	166	3,6	1263	13,1
Equipamento[4]	144	3,1	2170	6,6
Outros[5]	90	2	1438	6,2
Total	4541	100	46902	9,7

***: Rácio entre o número de amostras positivas *de S. aureus* e o número total de estirpes *de S. aureus* isoladas.**
****: Rácio entre o número de amostras positivas *de S. aureus* e o número total de amostras positivas.**
[1] Exame citobacteriológico da expetoração, aspiração traqueal, lavagem broncoalveolar, zaragatoa distal protegida.
[2] Exame citobacteriológico da urina.
[3] Punção do líquido cefalorraquidiano, punção da ascite, punção articular.
[4] Cateter, Dreno/Redão.
[5] Esfera ORL, Amostragem genital, Amostragem oftalmológica, Biópsia, Ossos.

4.2. EVOLUÇÃO POR ANO DAS ESTIRPES ISOLADAS NAS DIFERENTES AMOSTRAS BACTERIOLÓGICAS

Durante o período de estudo, a taxa de isolamento de *S. aureus* de amostras de pus superficial variou de 49,3% a 62,7%. A taxa diminuiu em 2017, 2020, 2021 e 2022. Para amostras de pus profundo, a frequência variou de 4,2% em 2014 (n=19) a 33,9% em 2017 (n=140). As percentagens de hemoculturas e ECBU positivas para *S, aureus* variaram entre 12,7% em 2016 (n=47), 24,5% em 2021 (n=78) e 1,6% em 2016 (n=13) ,10% em 2020 (n=29), respetivamente **(Tabela IV).**

Tabela IV: Tendências nas estirpes *de S. aureus* isoladas de amostras bacteriológicas por ano
amostras bacteriológicas

'Pré-realização (%*) "Ann6e \^^	Mais superficial	Mais profundo	ECBU[1]	Cultura de sangue	Amostragem respiratória[2]	Equipamento[3]	Outros[4]	Punção[5]

2012	**49,3**	11,9	3,1	15,7	9	3,1	3,1	4,8
2013	**62,7**	6,2	3	16,4	3,7	2,5	2,5	3
2014	60,4	**4,2**	4,4	15,7	6,2	3,5	1,5	4,1
2015	50,7	11,7	3,7	16,4	8,4	1,8	2,9	4,4
2016	51,9	17	**1,6**	**12,7**	9,7	3	1,1	3
2017	**24,9**	**33,9**	3,9	18,2	8,2	4,6	1	5,3
2018	44	14,1	2,5	23,8	8,4	2,9	2	2,3
2019	39	15,5	7,9	20,8	8,1	3	2,5	3,2
2020	**23,7**	25,1	**10**	15,1	12,7	5,2	4,8	3,4
2021	**21,4**	25,5	6,9	**24,5**	14,2	3,1	0,3	4,1
2022	**26,9**	24,8	3,3	20	**18,9**	2,6	0,4	3,1

***: Rácio entre as amostras *positivas para S. aureus* recolhidas durante o ano de estudo e o número total de estirpes de S. aureus isoladas durante o mesmo ano.**

1 **Exame citobacteriológico da urina.**

2 **Exame citobacteriológico da expetoração, aspiração traqueal, lavagem broncoalveolar, zaragatoa distal protegida.**

3 **Cateter, Dreno/Redão.**

4 **Esfera ORL, Amostragem genital, Amostragem oftalmológica, Biópsia, Ossos.**

5 **Punção do líquido cefalorraquidiano, punção da ascite, punção articular.**

5. DISTRIBUIÇÃO DAS ESTIRPES de S. AUREUS POR DEPARTAMENTO E POR PROJECTO

A distribuição das estirpes *de S. aureus* por amostra diferiu entre departamentos. As amostras de pus superficial e profundo *positivas para S. aureus* foram isoladas principalmente nas enfermarias cirúrgicas, com frequências de 50,3% (n=964) e 70,4% (n=537), respetivamente. Nas enfermarias de medicina, predominaram as hemoculturas *positivas para S. aureus* (n=434, 52,6%). As amostras respiratórias positivas para *S. aureus* foram mais frequentes nas unidades de cuidados intensivos (n=317, 72,2%) **(Tabela V)**.

Tabela V: Distribuição das estirpes *de S. aureus* por departamento e por coleção

Levy (%*) Serviço	Mais superficial	Mais profundo	Cultura de sangue	ECBU[1]	Amostragem respiratória[2]	Equipamento[3]	Punção[4]	Outros[5]
Departamentos cirúrgicos	**50,3**	**70,4**	18,8	29,7	1,6	18,1	24,8	**69**
Serviços médicos	26,6	12,5	**52,6**	20,6	8,7	42,4	46,4	10
Serviço de urgência	0,8	1,6	4,6	18,6	4,1	9	10,8	1,1
Serviço de pediatria	5,6	5,4	9	0,5	9,3	4,2	9	4,4
Unidades de cuidados intensivos	3	2,4	10,8	4	**72,2**	20,8	3,6	2,2
Instalações sanitárias	13,7	7,7	4,2	26,6	4,1	5,5	5,4	13,3

***: Rácio entre as estirpes *de S. aureus* isoladas de uma amostra num determinado departamento e o número total de estirpes *de S. aureus* isoladas da mesma amostra.**

1 **Exame citobacteriológico da urina.**

2 **Exame citobacteriológico da expetoração, aspiração traqueal, lavagem broncoalveolar, zaragatoa distal protegida.**

3 **Cateter, Dreno/Redão.**

4 **Punção do líquido cefalorraquidiano, punção da ascite, punção articular.**

5 **Esfera ORL, esfregaço genital, esfregaço oftálmico, biópsia, osso.**

* **Ortopedia, Cirurgia Pediátrica, Otorrinolaringologia, Cirurgia Geral, Ginecologia, Urologia, Oftalmologia, Neurocirurgia.**

- *: Nefrologia, Dermatologia, Cardiologia, Neonatologia, Reumatologia, Pneumologia, Endocrinologia, Gastrologia, Psiquiatria, Medicina Interna, Neurologia, Medicina do Trabalho, Doenças Infecciosas.
- ** Dispensários locais e hospitais regionais.

6. Tendências por ano e por departamento das estirpes *de S. aureus* recolhidos em diferentes amostras

Nas enfermarias cirúrgicas, houve uma predominância consistente de colecções de pus ao longo de todos os anos do **estudo (Figura 10).**

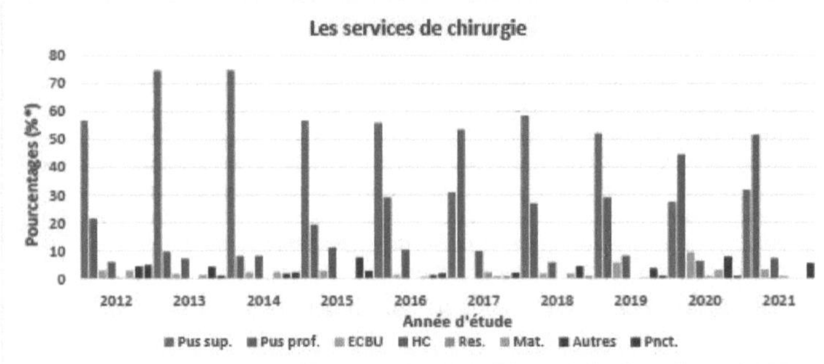

Figura 10: Tendências nas estirpes *de 5. aureus* recolhidas nos vários departamentos cirúrgicos

*** Rácio entre as estirpes *de S. aureus* isoladas numa determinada amostra, no departamento em causa, durante o ano de estudo e o número total de isolados no departamento.**

Ao longo dos onze anos do estudo, observou-se uma predominância de isolados *de S. aureus* em amostras de pus superficiais de departamentos médicos entre 2012 e 2016. A partir de 2017, as estirpes foram principalmente recolhidas de hemoculturas **(Figura 11).**

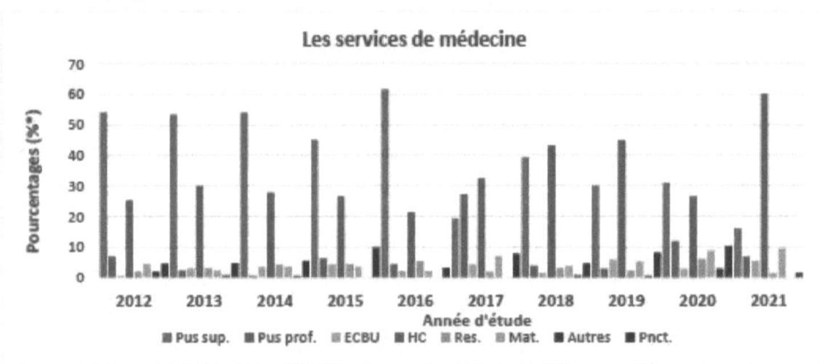

Figura 11: Tendências das estirpes *de S. aureus* recolhidas nas várias amostras dos serviços médicos

Nas unidades de cuidados intensivos, quase todos os isolados *de S. aureus* foram recolhidos de amostras respiratórias. De facto, a frequência de *S. aureus* neste tipo de amostra tem aumentado ao longo dos anos, atingindo 81% (n=84) em 2022 **(Figura 12).**

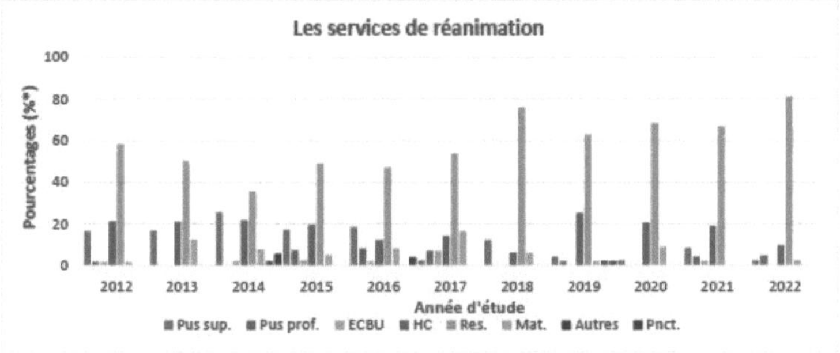

Figura 12: Tendências nas estirpes *de S. aureus* recolhidas em várias amostras de unidades de cuidados intensivos

* **Rácio entre as estirpes *de S. aureus* isoladas numa determinada amostra, no departamento em causa, durante o ano de estudo e o número total de isolados no departamento.**

No departamento pediátrico, a maioria das estirpes *de S. aureus* foi isolada de amostras de pus e de hemoculturas entre 2012 e 2020. Por outro lado, as amostras respiratórias aumentaram e estão no topo da lista em 2021 e 2022 **(Figura 13).**

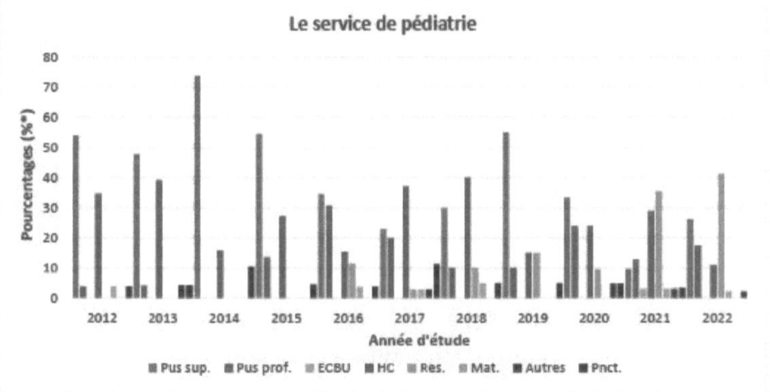

Figura 13: Tendências nas estirpes *de 5. aureus* recolhidas em diferentes amostras da ala pediátrica

* **Rácio entre as estirpes *de S. aureus* isoladas numa determinada amostra, no departamento em causa, durante o ano de estudo e o número total de isolados no departamento.**

No serviço de urgência, a frequência de amostras *positivas para S. aureus* diferiu ao longo dos anos do estudo. De facto, as ECBUs *positivas para S. aureus* foram a maioria em 2012 (30,8%, n=4), 2019 (50%, n=11) e 2020 (52,9%, n=9). A taxa de isolados em hemoculturas foi mais elevada em 2014 (30%, n=3), 2017 (33,3%, n=4), 2021 (33,3%, n=6) e 2022 (46,2%, n=6). Nos restantes anos, predominaram as amostras de pus *positivas para S. aureus* **(Figura 14).**

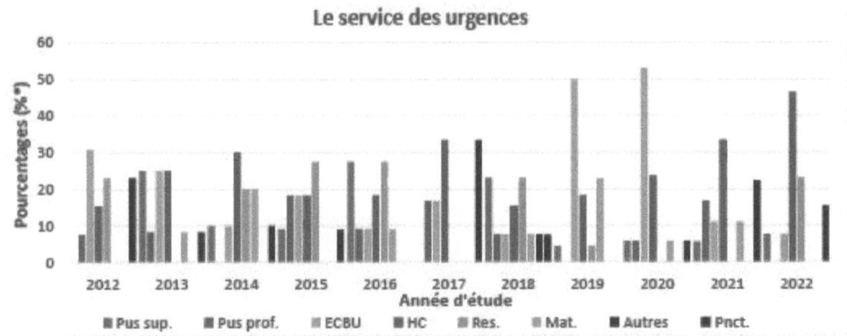

Figura 14: Tendências das estirpes *de S. aureus* recolhidas nas várias amostras colhidas no serviço de urgência

Nas unidades de saúde, as amostras de pus superficial predominaram entre 2012 e 2019 e em 2022. No entanto, as ECBU foram maioritárias em 2020 e 2021 **(Figura 15).**

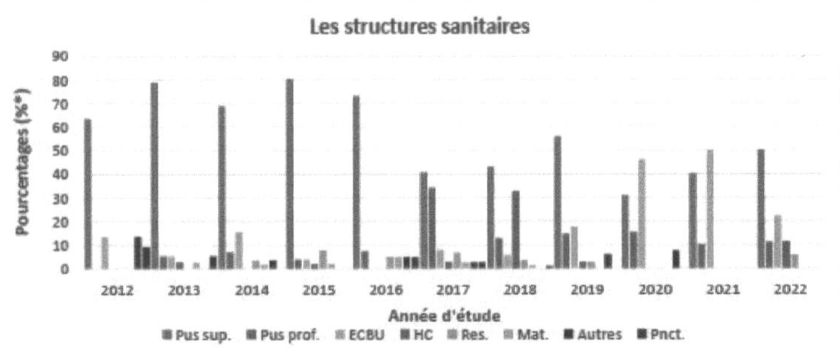

Figura 15: Tendências das estirpes *de S. aureus* recolhidas em várias amostras colhidas em unidades de saúde

* **Rácio entre as estirpes *de S. aureus* isoladas numa determinada amostra, no departamento em causa, durante o ano de estudo e o número total de isolados no departamento.**

7. ESTUDO DA RESISTÊNCIA DE ESTIRPES de S. AUREUS A ANTIBIÓTICOS

7.1. TAuXA DE REsISTêNCIA DE s. IsOLATs AuREus AuX ANTIBIOTIQuEs

A taxa de resistência das estirpes *de S. aureus* à penicilina G durante o período de estudo foi muito elevada, de cerca de 96,4% (n=4296). A taxa de resistência à cefoxitina durante este período foi de 18,6% (n=828) **(Figura 16)**.

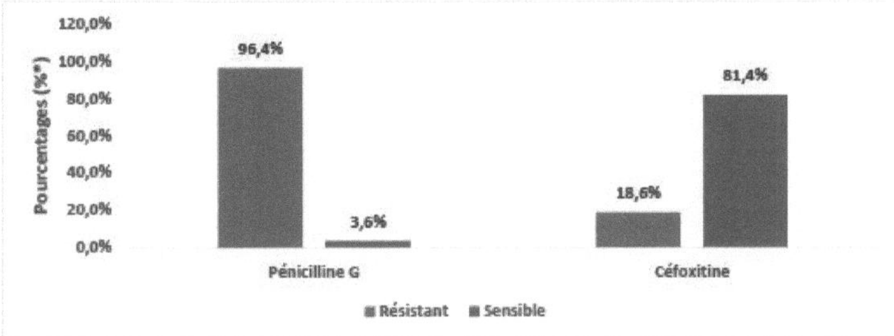

Figura 16: Resistência das estirpes *de S. aureus* aos antibióticos beta-lactâmicos

***: Rácio de estirpes *de S. aureus* resistentes a antibióticos em relação ao número total de estirpes testadas.**

A resistência dos isolados à canamicina, tobramicina e gentamicina foi de 28% (n=1003), 11,5% (n=420) e 7,4% (n=214), respetivamente. A canamicina respondeu à amicacina. Quanto aos macrólidos, a taxa de resistência das nossas estirpes *de S. aureus* à eritromicina foi de 13,8% (n=609). A resistência à lincomicina foi de 5,3% (n=187) e não se registou qualquer resistência à pristinamicina. A resistência às fluoroquinolonas foi de 13,3% (n=334) à norfloxacina, 12,2% (n=412) à ofloxacina, 14,6% (n=130) à levofloxacina e 14,5% (n=130) à ciprofloxacina. As taxas de resistência das estirpes *de S. aureus* à vancomicina e à teicoplanina foram de 1,2% (n=24) e 0,9% (n=21), respetivamente. A resistência a outras famílias de antibióticos foi variável, com a percentagem mais elevada para a tetraciclina (28,9%, n=363), seguida do ácido fusídico (27,1%, n=1136), do cloranfenicol (1,9%, n=45), da rifampicina (7,4%, n=279), da associação trimetoprim-sulfametoxazol (5,9%, n=182) e da fosfomicina (5,6%, n=142) **(Quadro VI).**

Quadro VI: Taxa global de resistência de *S. aureus* a outros antibióticos

Famílias de antibióticos	Antibióticos (número de estirpes testadas)	Número de estirpes resistentes	Taxa de resistência (%*)
	Canamicina (n=3581)	1003	28
Aminosídeos	**Tobramicina (n=3640)**	420	11,5
	Gentamicina (n=2908)	214	7,4
	Eritromicina (n=4419)	609	13,8
Macrólidos	**Lincosamicina (n=3558)**	187	5,3
	Pristinamicina (n=4265)	0	0
	Norfloxacina (n=2503)	334	13,3
Fluoroquinolonas	**Ofloxacina (n=3381)**	412	12,2
	Levofloxacina (n=890)	130	14,6
	Ciprofloxacina (n=896)	130	14,5
Glicopeptídeos	**Vancomicina (n=1969)**	24	1,2
	Teicoplanina (n=2374)	21	0,9
	Tetraciclina (n=1256)	363	28,9

	Cloranfenicol (n=2426)	45	1,9
Outros	Ácido fusídico (n=4199)	1136	27,1
	Trimetoprimesulfametoxazol (n=3109)	182	5,9
	Rifampicina (n=3761)	279	7,4
	Fosfomicina (n=2542)	142	5,6

***: Rácio de estirpes *de S. aureus* resistentes a antibióticos em relação ao número total de estirpes testadas.**

7.2. EVOLUÇÃO DA RESISTÊNCIA AOS ANTIBIÓTICOS EM ISOLADOS AO LONGO DO TEMPO

ANOS

Ao longo dos anos, não se registou qualquer alteração na resistência à penicilina G. As taxas são elevadas independentemente do ano, da amostra e do serviço. A evolução da resistência à meticilina e a sua distribuição pelos diferentes serviços serão objeto de um capítulo específico.

A resistência à canamicina variou de 24,3% (n=91) a 32,8% (n=127), com um valor mais elevado em 2020 (42,9%, n=39) (p=0,019). A resistência à gentamicina e à tobramicina manteve-se estável ao longo dos anos (NA; p<0,001, respetivamente) **(Figura 17).**

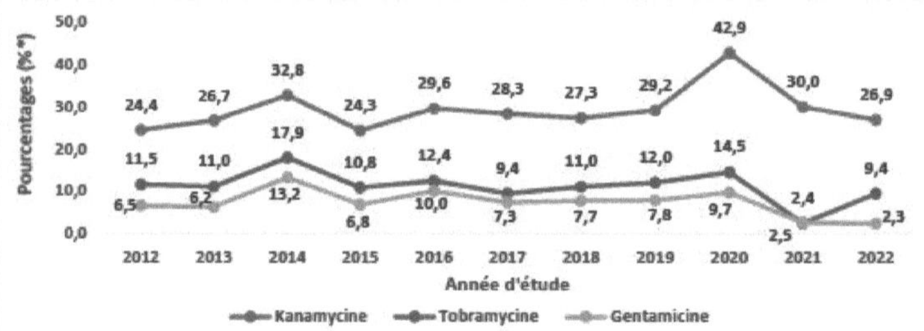

Figura 17: Evolução da resistência dos isolados aos aminoglicosídeos

A taxa de resistência à eritromicina a variou de 8,1% (n=33) a 19,6% (n=86) (p<0,001). A resistência à lincomicina a variou de 1,9% (n=6) a 9,6% (n=42) (NA). No entanto, não foi registada qualquer resistência à pristinamicina durante este período **(Figura 18).**

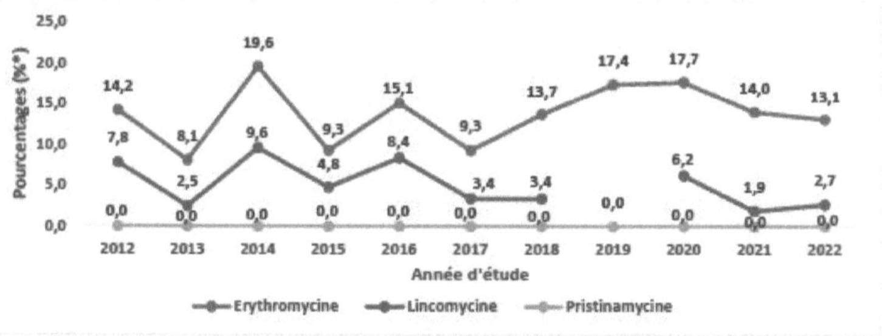

Figura 18: Evolução da resistência aos macrólidos nos isolados

As taxas de resistência dos isolados *de S. aureus* às fluoroquinolonas evoluíram em paralelo e variaram entre 6,7% e 17,7%. A maior taxa de resistência a esta família de antibióticos foi registada em 2014 **(Tabela VII).** Este resultado foi estatisticamente significativo apenas para a ofloxacina (p=0,002).

Quadro VII: Tendências da resistência dos isolados às fluoroquinolonas

	2012	**2013**	**2014**	**2015**	**2016**	**2017**	**2018**	**2019**	**2020**	**2021**	**2022**
Norfloxacina (%)	14,1	NT	17,7	11,7	14,3	NT	12,7	14,8	9,8	8,7	13,8
Ofloxacina (%)	14,1	NT	17,7	11,5	13,4	6,7	11,4	14,5	8,3	9,8	12,8
Levofloxacina (%)	14,1	NT	17,7	11,7	14,3	NT	NT	NT	NT	NT	NT
Ciprofloxacina (%)	14,1	NT	17,7	11,7	14,3	NT	NT	NT	NT	0	0

NT: Non Teste.

Quanto aos glicopeptídeos, não foi detectada resistência em 2012, 2017 e 2018. Em 2014 e 2016, foi isolada uma única estirpe resistente a partir de uma cultura de sangue na unidade de cuidados intensivos. Em 2015, a estirpe resistente foi detectada numa amostra de pus profundo em unidades de saúde.

Em 2019, verificou-se que uma única estirpe era resistente à vancomicina e foi também isolada em unidades de cuidados intensivos a partir de uma amostra superficial de pus.

Quanto à teicoplanina, 3 isolados de amostras superficiais de pus (2 da unidade de cuidados intensivos e 1 do departamento de otorrinolaringologia) eram resistentes.

Em 2020, não foram detectadas estirpes resistentes à vancomicina e 8,2% dos isolados testados eram resistentes à teicoplanina (n=4). Metade foi isolada de enfermarias cirúrgicas (numa amostra de pus profundo e numa amostra respiratória), uma estirpe foi isolada de uma amostra de material na unidade de cuidados intensivos e a outra foi isolada de uma amostra de pus superficial no departamento de reumatologia.

Em 2021, a resistência à vancomicina aumentou para um pico de 16,9% (n=14). Destas estirpes, seis foram isoladas de departamentos cirúrgicos, quatro de departamentos médicos, duas de unidades de cuidados intensivos e as outras duas de departamentos de urgência e unidades de saúde. Esta resistência foi detectada em 6 hemoculturas, 4 amostras de pus superficial, duas ECBU e duas punções. A resistência à teicoplanina foi de 8,6% (n=6). Estes isolados foram detectados no departamento de nefrologia (n=1), no departamento de ortopedia (n=2), na unidade de cuidados intensivos (n=2) e no departamento de urgência (n=1). Metade eram amostras de pus superficial e metade eram hemoculturas.

A resistência à vancomicina em 2022 foi de 6,3% (n=6). Duas estirpes foram isoladas de enfermarias médicas, duas de unidades de cuidados intensivos e as outras duas foram detectadas em enfermarias cirúrgicas e unidades de saúde (3 ECBU, 2 amostras de pus, 1 amostra respiratória). Relativamente à teicoplanina, 5,3% dos isolados eram resistentes (n=5). Estas estirpes foram isoladas de cirurgia (n=2), endocrinologia (n=1), cuidados intensivos (n=1) e unidades de saúde (n=1) (2 amostras de pus profundo, 2 ECBU e 1 amostra respiratória) **(Figura 19).** O teste estatístico não é aplicável (NA) para estes 2 antibióticos porque existem células com um número teórico de células inferior a 5.

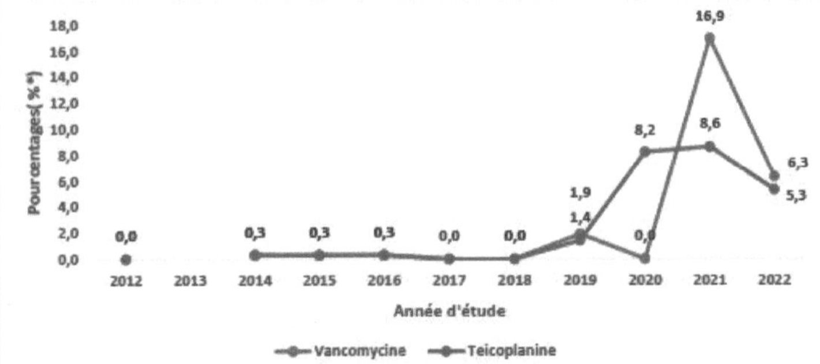

Figura 19: Evolução da resistência aos glicopeptídeos nos isolados

Durante o período do nosso estudo, houve uma flutuação significativa nas taxas de resistência a antibióticos dos isolados de *S. aureus*. Entre 2012 e 2013, houve uma diminuição da resistência ao ácido fusídico e à rifampicina. A partir de 2014, registou-se um aumento da taxa de resistência à fosfomicina até 2016, tendo-se depois verificado uma diminuição entre 2017 e 2022. Também se registou um aumento constante da taxa de resistência das estirpes *de S. aureus* ao ácido fusídico, que atingiu 40,6% (n=191) em 2022. No entanto, a evolução da resistência à rifampicina foi relativamente estável **(Figura 20).** Estes resultados foram estatisticamente significativos para o ácido fusídico ($p<0,001$) e a fosfomicina ($p<0,001$). No entanto, o teste estatístico não foi aplicável à rifampicina.

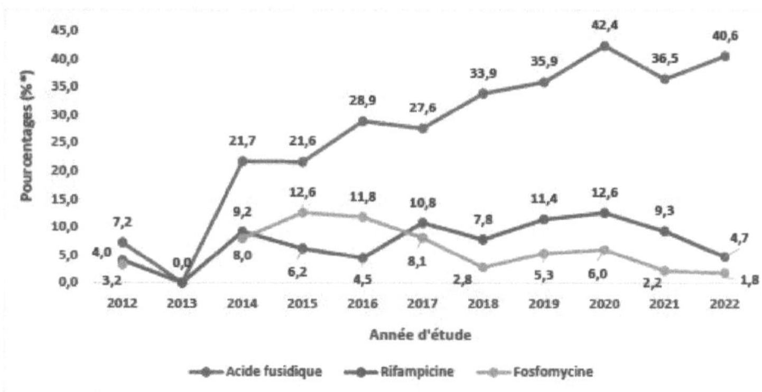

Figura 20: Evolução da resistência dos isolados à rifampicina, à fosfomicina e ao ácido fusídico

Quanto à tetraciclina, registou-se um aumento da taxa de resistência de 2014 a 2016, seguido de uma diminuição da percentagem de estirpes *de S.aureus* resistentes a este antibiótico, atingindo 1,4% (n=1) em 2018. Das duas estirpes testadas em 2019 e 2020, uma era resistente a este antibiótico. A tendência da resistência ao cloranfenicol e ao trimetoprimesulfametoxazol foi relativamente estável **(figura 21).** Estes resultados foram estatisticamente significativos para a combinação trimetoprim-sulfametoxazol (p=0,011). No entanto, o teste estatístico não é aplicável aos restantes antibióticos porque existem células com um tamanho teórico inferior a 5.

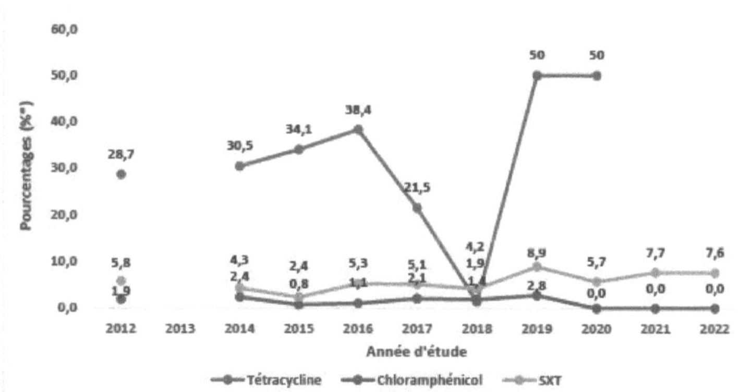

Figura 21: Evolução da resistência dos isolados à tetraciclina, ao cloranfenicol e à combinação trimetoprim-sulfametoxazol

***Rácio entre o número de estirpes *de S. aureus* resistentes a antibióticos no ano do estudo e o número total de estirpes testadas no mesmo ano.**

7.3 RESISTÊNCIA AOS ANTIBIÓTICOS DAS ESTIRPES de S. AUREUS EM DIFERENTES DEPARTAMENTOS

A resistência dos isolados *de S. aureus* às diferentes famílias de antibióticos variou consoante o serviço. De facto, as taxas mais elevadas de resistência foram observadas principalmente nas unidades de cuidados intensivos, no serviço de urgência e nas unidades médicas **(Tabela VIII).** Esta diferença na percentagem de resistência entre serviços foi estatisticamente significativa para todos os antibióticos testados (p<0,05) com exceção da tetraciclina (p=0,630), do ácido fusídico (p=0,165) e da associação trimetoprim-sulfametoxazol (p=0,067).

Tabela VIII: Taxas de resistência aos antibióticos de S. aureus de acordo com serviços

Levy *\(%) Antibiótico	Departamentos cirúrgicos[1]	Serviços médicos[2]	Unidade de cuidados intensivos	Estruturas sanitárias[3]	Serviço de pediatria	Serviço de urgência	valor de p
Penicilina G	97,3	95,2	95,8	96	97,9	94,7	0,021
Cefoxitina	18,8	16,3	28,8	17,3	10,9	20,3	0,000
Canamicina	27,3	28,9	37,1	24,6	20	23,4	0,000
Tobramicina	9,8	11,6	25,5	7,1	5,5	10,7	0,000
Gentamicina	6,2	6,7	20,3	2,2	1,1	7,5	0,000
Eritromicina	12,8	12,9	17,6	14,7	16,5	11,6	0,045
Lincomicina	4,5	3,7	12,2	4,5	5	4,5	0 ,000
Pristinamicina	0	0	0	0	0	0	
Norfloxacina	11,2	14	23,5	10,5	4,8	20,9	0,000
Ofloxacina	10,1	13,6	21,7	9,3	4,4	15,1	0,000
Levofloxacina	10 ,1	14,7	34,2	11,9	1,9	22,7	NA
Ciprofloxacina	10	14,7	33,6	11,9	1,8	21,7	NA
Tetraciclina	28,4	31,2	31,1	27,3	23	22,6	0,630
Cloranfenico l	1,3	3	1,9	1,8	0	1,2	NA
Ácido fusídico	26,6	28,2	22,9	28,1	28	32,6	0,165
SXT†	5,7	6	8,9	4,5	3,4	4,5	0,067
Rifampicina	6,5	7,5	11,6	7,3	3,8	11,1	0,001
Fosfomicina	4,7	5,9	12	3,5	1,7	3,3	0,000
Vancomicina	1,1	1,1	2,3	1,3	0	1,9	NA
Teicoplanina	0,8	0,5	2,7	0,7	0	1,4	NA

- Tendências da resistência aos aminoglicosídeos em diferentes departamentos

Na maioria dos departamentos, a resistência dos isolados à canamicina manteve-se estável ao longo dos anos do estudo, com exceção dos departamentos médicos, das unidades de saúde e das unidades de cuidados intensivos. Em 2020, registou-se um pico nas enfermarias médicas e nas unidades de saúde, com taxas de 70,8% (n=17) e 66,7% (n=2), respetivamente. Nos cuidados intensivos, foram registadas taxas elevadas em 2014 (68,8%, n=33) e 2021 (50%, n=2). Quanto aos serviços de urgência, a taxa manteve-se estável, exceto em 2021. A única estirpe isolada era resistente à canamicina **(Tabela IX).** A resistência dos isolados à tobramicina e à gentamicina manteve-se estável em todos os serviços, exceto nos cuidados intensivos. De facto, foi observado um pico para estes 2 antibióticos em 2014 com

*** Rácio entre as estirpes *de S. aureus* resistentes a 1 antibiótico no departamento e o número total de estirpes *de S. aureus* testadas para este antibiótico no mesmo departamento.**
† Trimetoprim-sulfametoxazol.
[1] Ortopedia, Cirurgia Pediátrica, Otorrinolaringologia, Cirurgia Geral, Ginecologia, Urologia, Oftalmologia, Neurocirurgia.
[2] Nefrologia, Dermatologia, Doenças infecciosas, Cardiologia, Neonatologia, Reumatologia, Pneumologia, Endocrinologia, Gastrologia, Psiquiatria, Medicina interna, Neurologia, Medicina do trabalho.
[3]: dispensários locais e hospitais regionais.

uma taxa de 56,3% para a tobramicina (n=27) e 50% para a gentamicina (n=19) **(Quadro IX).**

Quadro IX: Tendências da resistência dos isolados *de S. aureus* aos aminoglicosídeos em diferentes departamentos

Serviços ¹\ (%*)	Serviços medicina			Serviços cuidados			Serviços intensivos/emergência			²Cirurgia			Pediatria			Serviços de saúde³		
Ano	KN	TB	GM	KN	TB	GM	KN	TB	GM	KN	TB	GM	KN	TB	GM	KN	TB	GM
2012	25	П,5	8,1	20,3	9,3	3,1	26,7	21,7	16,7	36	0	0	33,3	16,7	16,7	31,8	13,6	0
2013	28,4	6,9	3,9	25,1	12	6,5	37,5	20,8	20,8	20	15	5	22,2	11,1	11,1	27,3	9,1	0
2014	23,7	11	7,5	34,5	16,9	12,5	68,8	56,3	50	H,1	5,6	5,6	22,2	22,2	12,5	25	3,9	20,8
2015	23,1	13,2	4,8	23,6	4,6	4,8	35	40	38,5	22,7	0	0	36,4	0	0	18	4,3	0
2016	31,9	14,6	6,4	31,3	7,2	7,3	36,7	33,3	33,3	8,7	0	0	18,2	18,2	11,1	24,4	7,5	5,7
2017	33	8,1	7,1	30,3	11,8	8,9	26,3	20,6	19,4	25	3,4	0	0	0	0	26	4,8	1,9
2018	29,7	10,8	15,8	26,6	7,1	5,9	28,1	9,1	0	10	10	0	46,2	25	0	25,9	9,5	0
2019	28,4	11,4	7,6	31,9	11,8	8,7	40	26,1	16,1	18,2	11,1	0	15,4	0	0	12,5	3,2	0
2020	70,8	23,7	18,4	31,6	10,8	4,2	33,3	15,4	14,3	0	0	0	25	9,1	7,1	66,7	16,7	20
2021	0	0	0	27,3	1,7	2,1	50	1,3	7,9	0	0	0	100	10	7,1	0	0	0
2022	30,3	9,5	1,5	34,6	7	2,6	34,3	15	2,1	22,5	10,5	0	8,3	7,7	0	26,7	12,5	7,7

KN: Canamicina; TB: Tobramicina; GM: Gentamicina.

***Rácio entre as estirpes *de S. aureus* resistentes ao antibiótico no departamento durante o ano do estudo e o número total de estirpes *de S. aureus* testadas para este antibiótico no departamento durante o mesmo ano.**

4 Nefrologia, Dermatologia, Doenças infecciosas, Cardiologia, Neonatologia, Reumatologia, Pneumologia, Endocrinologia, Gastrologia, Psiquiatria, Medicina interna, Neurologia, Medicina do trabalho.

2 : Ortopedia, Cirurgia pediátrica, Otorrinolaringologia, Cirurgia geral, Ginecologia, Urologia, Oftalmologia, Neurocirurgia.

3 '■ Dispensários locais e hospitais regionais.

- Tendências da resistência aos macrólidos em diferentes departamentos

A resistência à eritromicina manteve-se estável na maioria dos serviços, variando entre 0% e 33,3% (n=4). A exceção foram as unidades de cuidados intensivos, que apresentaram um pico de frequência em 2014 (43,8%, n=21). A resistência à lincomicina também se manteve estável na maioria dos serviços, variando de 0% a 20% (n=6), com exceção dos serviços de cuidados intensivos, onde se registaram 2 picos de frequência em 2014 (35,4%, n=17) e 2016 (29,2%, n=14), e do serviço de pediatria, que apresentou um aumento significativo da taxa em 2018 (33,3%, n=1) **(Tabela X).**

Quadro X: Tendências da resistência aos macrólidos dos isolados de X *aureus* em diferentes departamentos

'''к Serviços (%*)	Serviços médicos [1]	Departamentos cirúrgicos[2]	Serviços de reanimação	Serviço de pediatria	Serviço de urgência	Estruturas casas de banho‡

‡Nefrologia, Dermatologia, Infetologia, Cardiologia, Neonatologia, Reumatologia, Pneumologia, Endocrinologia, Gastrologia, Psiquiatria, Medicina Interna, Neurologia, Medicina do Trabalho.

2 : Ortopedia, Cirurgia Pediátrica, Otorrinolaringologia, Cirurgia Ginecológica, Urologia, Oftalmologia, Neurocirurgia.

	Eryth	Linco	Eryth	Linco	Eryth	Linco	Eryth	Linco	Eryth	Linco	Eryth	Linco
2012	16,1	9,4	9,9	5,2	16,7	13,3	7,7	3,8	33,3	16,7	30	5
2013	6,9	0,9	8	4	4,5	0	9,1	4,5	10	0	14,3	0
2014	15,5	4,9	18,2	8,5	43,8	35,4	21,1	10,5	0	11,1	16,1	1,8
2015	8,7	2,8	7,9	4,2	15	20	9,1	4,5	9,1	0	10	0
2016	12,8	6,4	11,8	4,9	32,7	29,2	8	5	9,1	0	17,1	4,9
2017	10,1	1	5,5	1,6	20,9	4,7	3	0	0	8,3	12,3	10,6
2018	17,1	0	13,3	8,3	18,2	0	15	33,3	7,7	0	8,2	0
2019	14,4	NT	21,4	NT	10,4	NT	15	NT	13,6	NT	18,2	NT
2020	13,8	5	20,6	10,5	9,5	0	30	0	6,3	0	30,8	7,7
2021	9,6	0	11,2	0	16,7	6,7	22,6	0	11,1	0	31,6	15,8
2022	13,9	1,8	11,4	1,8	6	1,2	32,6	10,9	23,1	7,7	5,6	0

Eryth: Eritromicina; Linco: Lincomicina.
NT: Non Teste

***Rácio entre o número de estirpes de 5. *aureus* resistentes a 1 antibiótico no departamento durante o ano do estudo e o número total de estirpes de 5. *aureus* testadas para este antibiótico no departamento em causa durante o mesmo ano.**

7.4 RESISTÊNCIA DE S. AUREUS AOS ANTIBIÓTICOS DE ACORDO COM A NATUREZA DA amostra

Durante o período de estudo, houve uma diferença significativa nas percentagens de resistência dos isolados de acordo com a natureza da amostra. O material, as punções e a ECBU foram as fontes mais comuns de resistência à maioria dos antibióticos **(Quadro XI).** Esta variação foi estatisticamente significativa para a tobramicina (p=0,011), norfloxacina (p<0,001), ofloxacina (p<0,001) e ácido fusídico (p<0,001).

Tabela XI: Taxa de resistência a antibióticos de *S. aureus* por tipo de amostra

Levy §^\ (%) Antibióticos^	Mais superficial	Mais profundo	ECBU[1]	Cultura de sangue	Amostragem respiratória[2]	Equipamento[3]	Outros [4]	Punção [5]	Valor -p
Penicilina G	96,7	**97,8**	92,7	95	97	97,1	93,3	96,3	NA
Cefoxitina	16,6	17,9	18,7	23,3	19,8	**24,5**	18,9	15,1	0,003
Canamicina	29,2	24,4	**31,6**	26,1	28,7	30,2	32,9	26,9	0,350
Tobramicina	10,5	8,3	14,7	13,4	14,4	**17,4**	12,8	12,6	0,011
Gentamicina	6,1	4,9	7,1	10,6	10,4	**13,8**	7,7	5,9	NA**
Eritromicina	13,1	12,8	16,4	13,3	14,0	**20,0**	22,1	15,6	0,079
Lincomicina	5,9	2,4	6,5	4,8	6,8	**8,0**	11,1	2,2	NA***
Pristinamicina	0,0	0,0	0,0	0,0	0,0	0,0	0,0	0,0	
Norfloxacina	12,0	10,4	19,4	14,6	10,6	15,6	21,8	**26,4**	0,000
Ofloxacina	11,0	9,0	17,5	14,4	10,4	18,8	18,5	**19,3**	0,000
Levofloxacina	11,3	7,3	23,1	20,4	14,5	25,0	28,6	**25,6**	NA***
Ciprofloxacina	11,2	7,1	23,1	20,3	14,3	25,0	28,6	**25,6**	NA***

[3]: **dispensários locais e hospitais regionais.**

§ Percentagem de estirpes *de S. aureus* resistentes a 1 antibiótico em relação ao número total de estirpes *de S. aureus* testadas para este antibiótico na mesma amostra.
**** Não aplicável.**
[1] **Exame citobacteriológico da urina.**
[2] **Exame citobacteriológico da expetoração, aspiração traqueal, lavagem broncoalveolar, zaragatoa distal protegida.**
[3] **Cateter, Dreno/Redão.**
[4] **Esfera ORL, Amostragem genital, Amostragem oftalmológica, Biópsia, Ossos.**
[5]**Punção do líquido cefalorraquidiano, punção da ascite, punção articular.**

Tetraciclina	**32,6**	25,0	28,3	28,4	23,8	22,2	15,8	24,1	0,195
Cloranfenicol	2,2	0,6	**2,9**	1,6	1,5	0,0	10,4	1,1	NA***
Ácido fusídico	27,6	29,3	**34,3**	27,1	16,8	34,1	24,1	25,8	0,001
SXT††	4,9	6,1	6,1	7,2	4,0	**12,5**	10,2	6,3	NA***
Rifampicina	7,5	7,3	**10,5**	7,4	5,5	9,3	6,2	8,0	0,634
Fosfomicina	4,1	4,5	10,2	7,7	5,6	**13,3**	6,3	3,5	NA***
Vancomicina	0,7	0,6	5,5	**2,7**	0,5	0,0	0,0	2,2	NA***
Teicoplanina	0,7	1,1	2,2	1,2	0,9	**1,4**	0,0	0,0	NA***

8. *S. AUREUS* RESISTENTE À METICILINA (MRSA)

8.1. DESENVOLVIMENTO DO SARM AO LONGO DOS ANOS

As taxas de resistência à meticilina nas estirpes *de S. aureus* mantiveram-se relativamente estáveis, variando entre 13,2% (n=57) e 24,2% (n=92) durante o período de estudo **(Figura 22)**. Este resultado foi estatisticamente significativo (p=0,002).

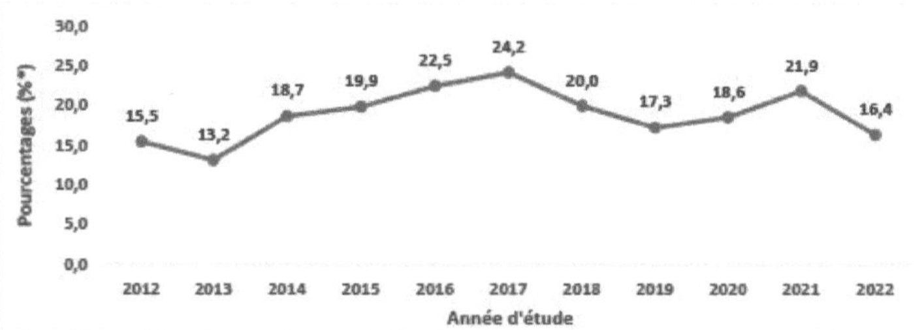

Figura 22: Alterações no MRSA ao longo dos anos estudados

***Rácio entre as estirpes de MRSA durante o ano do estudo e o número total de estirpes durante esse ano.**

8.2. DISTRIBUIÇÃO DO MRSA PELOS DIFERENTES DEPARTAMENTOS

As estirpes de MRSA predominaram na unidade de cuidados intensivos, no serviço de urgência e nos serviços de cirurgia, com percentagens de 28,8% (n=148), 20,3% (n=30) e 18,8% (n=341), respetivamente. A taxa mais baixa de MRSA foi registada no departamento pediátrico (10,9%, ou n=31) **(Figura 23).** Esta variação nas percentagens de estirpes *de S. aureus* resistentes foi estatisticamente significativa (p<0,001).

†† Trimetoprim-sulfametoxazol.

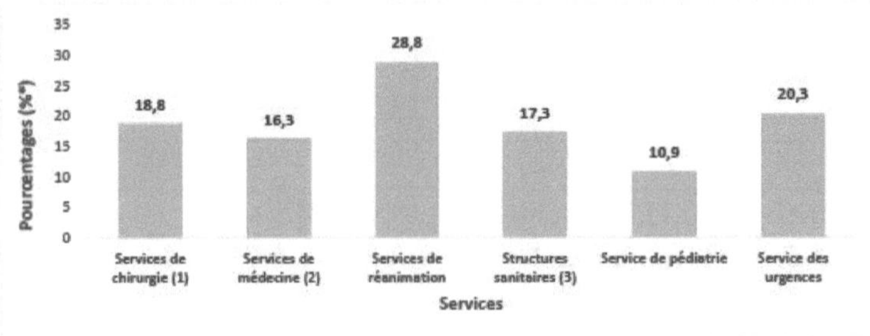

Figura 23: Distribuição de MRSA em diferentes departamentos

(1) Rácio entre as estirpes de MRSA no serviço e o número total de estirpes *de S. aureus* testadas para cefoxitina no serviço em causa.

(2) Ortopedia, cirurgia pediátrica, otorrinolaringologia, cirurgia geral, ginecologia, urologia, oftalmologia, neurocirurgia.

(3) Nefrologia, Dermatologia, Doenças infecciosas, Cardiologia, Neonatologia, Reumatologia, Pneumologia, Endocrinologia, Gastrologia, Psiquiatria, Medicina interna, Neurologia, Medicina do trabalho.

(3): Dispensários, hospitais regionais.

Entre os departamentos cirúrgicos, as taxas mais elevadas de MRSA foram registadas no departamento de cirurgia geral (24,4%, n=76), seguido do departamento de neurocirurgia (24,3%, n=26) e do departamento de urologia (23,9%, n=17) **(Figura 24).**

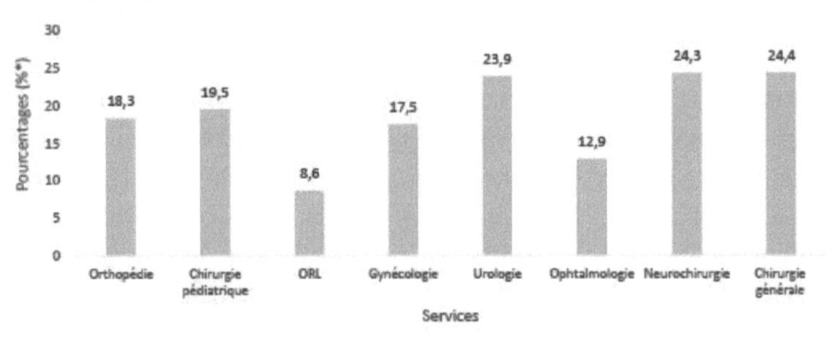

Figura 24: Distribuição de MRSA nos serviços de cirurgia

8.3. DISTRIBUIÇÃO DE MRSA POR TIPO DE AMOSTRA

No nosso estudo, a percentagem mais elevada de MRSA foi encontrada em hemoculturas (23,3%, n=186) e materiais (24,5%, n=34) **(Figura 25).** Essa diferença foi estatisticamente significativa (p=0,003).

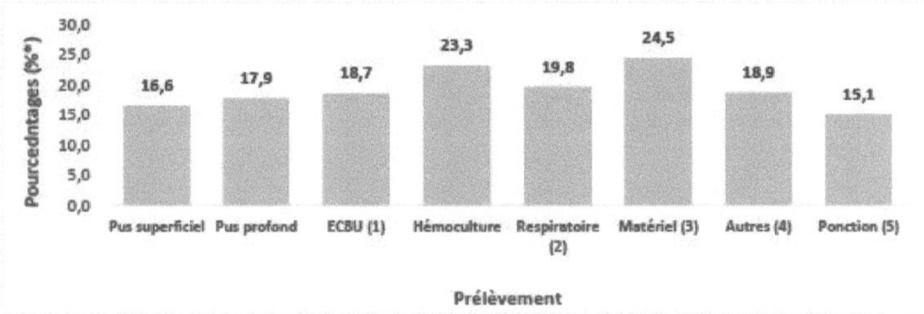

Figura 25: Distribuição de MRSA por local de amostragem

(1) Rácio entre as estirpes de MRSA na amostra e o número total de estirpes *de S. aureus* testadas para a cefoxitina na amostra em causa.

(2) Exame citobacteriológico da urina.

(3) Exame citobacteriológico da expetoração, aspiração traqueal, lavagem broncoalveolar, zaragatoa distal protegida.

(4) Cateter, Dreno/Redão.

(5) Esfera ORL, Amostragem genital, Amostragem oftalmológica, Biópsia, Ossos.

(5): Punção do líquido cefalorraquidiano, punção da ascite, punção articular.

8.4. EVOLUÇÃO DO SARM AO LONGO DOS ANOS NOS VÁRIOS SERVIÇOS

Durante o período de 2012 a 2022, as taxas de MRSA variaram muito entre os diferentes serviços. As percentagens variaram entre 11% (n=12) e 28,3% (n=28) nos serviços médicos.

Nos serviços cirúrgicos, estas frequências oscilaram entre 12,4% (n=25) e 27,6% (n=40).

As taxas de MRSA mantiveram-se estáveis nas unidades de cuidados intensivos, com exceção de 2014, ano em que se registou um pico muito elevado (54%, n=27).

Em 2021, não foi isolado nenhum MRSA da ala pediátrica. No entanto, em 2020, este departamento registou a taxa mais elevada de resistência à meticilina (25%, n=5).

Além disso, não foram registadas estirpes resistentes à meticilina no serviço de urgência em 2013 e 2014. A taxa mais elevada foi observada em 2015 (36,4%, n=4).

As unidades de saúde não tinham MRSA em 2012 e a taxa de MRSA variou de 5,6% (n=1) a 29,4% (n=5) **(Figura 26).**

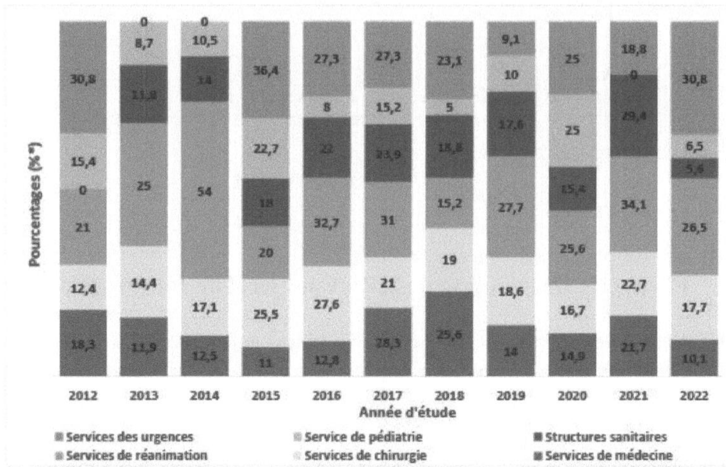

Figura 26: Evolução do MRSA ao longo dos anos nos vários serviços

***: Rácio de estirpes de MRSA durante o ano de estudo no departamento em causa em relação ao número total de estirpes testadas durante o mesmo ano no mesmo departamento.**

8.5. COMPARAÇÃO DAS TAXAS DE RESISTÊNCIA DAS ESTIRPES de MRSA E MSSA A DIFERENTES ANTIBIÓTICOS

As estirpes de MRSA têm taxas mais elevadas de resistência a outras famílias de antibióticos do que as estirpes de SASM. Mais de metade dos isolados de MRSA eram resistentes à canamicina e às ciclinas. Esta diferença foi estatisticamente significativa ($p<0,05$) **(Figura 27).**

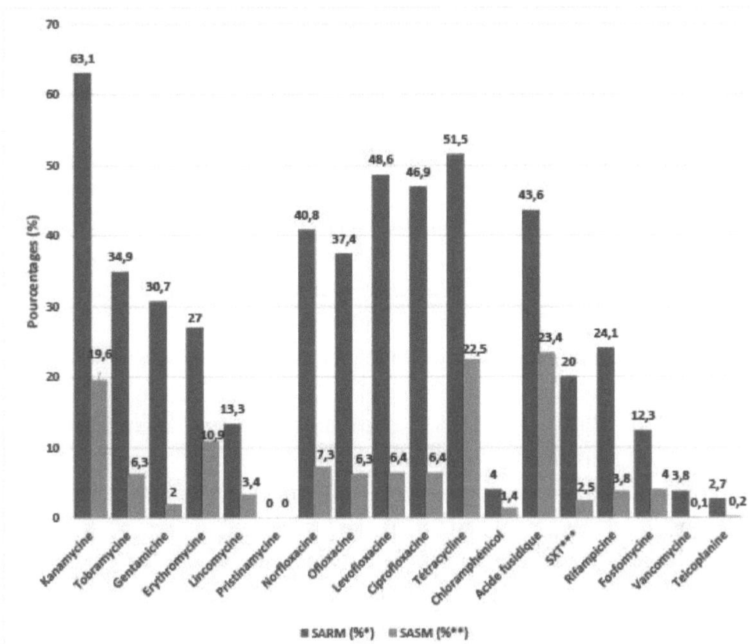

Figura 27: Comparação das taxas de resistência das estirpes MRSA e MSSA a diferentes antibióticos

1 Rácio de isolados resistentes a antibióticos em relação ao número total de estirpes resistentes à meticilina

2 * Rácio de isolados resistentes a antibióticos em relação ao número total de estirpes susceptíveis à meticilina.

3 ** Trimetoprim-sulfametoxazol.

4 DISCUSSÃO

O nosso estudo é retrospetivo e abrange um período de 11 anos (de 2012 a 2022). O objetivo foi estudar a epidemiologia das estirpes *de S. aureus* e a sua resistência aos antibióticos durante este período no laboratório de microbiologia do Hospital Universitário Fattouma Bourguiba em Monastir. A prevalência de isolados *de S. aureus* foi de 13% (n=4541, num total de 34810). As taxas mais elevadas foram registadas nos departamentos de cirurgia (40,8%, n=1851), medicina (27,9%, n=1265) e cuidados intensivos (11,6%, n=527). A maioria das estirpes foi isolada de amostras de pus (59%, n=2678), hemoculturas (18,2%, n=825) e amostras respiratórias (9,7%, n=439). Os espécimes *positivos para S. aureus* foram encontrados principalmente em unidades cirúrgicas, médicas e de cuidados intensivos, respetivamente. A resistência dos nossos isolados à penicilina G e à meticilina foi de 96,4% e 18,6%, respetivamente. Estas taxas mantiveram-se relativamente estáveis durante o período de estudo. O mesmo aconteceu com as outras famílias de antibióticos, com exceção dos glicopeptídeos e do ácido fusídico. Os níveis mais elevados de resistência foram encontrados principalmente nos cuidados intensivos e nas enfermarias médicas, em amostras de material, punções e ECBU. As estirpes de MRSA predominaram na unidade de cuidados intensivos (28,8%) e no serviço de urgência (20,3%). Verificou-se também uma predominância de MRSA em materiais (24,5%) e hemoculturas (23,3%). Além disso, as estirpes methi-R apresentavam taxas mais elevadas de resistência a outras famílias de antibióticos do que as estirpes methi-S.

1. DISTRIBUIÇÃO DAS ESTIRPES de S. AUREUS POR ANO DE ESTUDO

Neste estudo, a prevalência de isolados *de S. aureus* foi de 13% (n=4541) **(Tabela XII).** Este resultado é comparável a estudos efectuados no Nepal, Etiópia, Kigali e Paquistão [14-17]. Outros estudos relataram resultados superiores aos observados no nosso estudo [18-24]. No entanto, um estudo marroquino publicado em 2015 mostrou uma prevalência de *S, aureus* de 5% [25] **(Tabela XII).** No presente estudo, a prevalência mais elevada de *S. aureus* foi registada em 2022 (19%). A mais baixa foi registada em 2020 (10,7%). Nos restantes anos, a prevalência manteve-se relativamente estável **(Quadro I).** A alta prevalência em 2022 e a baixa prevalência em 2020 poderiam ser explicadas pela seleção dessas cepas após o tratamento antibiótico prescrito durante o período COVID-19 (em 2020-2021), que foi mais direcionado aos bacilos Gram-negativos. De facto, os doentes afectados pela COVID-19 estavam sobretudo superinfectados por bacilos gram-negativos. A prescrição de antibióticos que cubram estes germes poderia, portanto, levar à seleção de bactérias gram-positivas, incluindo o *S. aureus*. A prevalência estável de *S, aureus* foi registada nos dados do LART 2012-2015-2016-2017, bem como em estudos americanos e europeus realizados entre 2010 e 2016 [20,21,23,24,26-29]. Por outro lado, de acordo com um estudo marroquino realizado entre 2007 e 2014 e publicado em 2015, foi observado um aumento constante no número de isolados ao longo dos anos [25]. Além disso, noutros estudos, foi observado um aumento constante da prevalência de estirpes *de S. aureus,* particularmente entre 2017 e 2019, no Egito, na Etiópia, em Madagáscar, no Maláui, no Mali, em Moçambique, na Nigéria, na África do Sul, no Sudão, na Tunísia, no Uganda e na Zâmbia. Estes dados foram comunicados ao GLASS (Sistema Global de Vigilância da Resistência e Utilização de Antimicrobianos), que foi lançado pela OMS (Organização Mundial de Saúde) [30].

Tabela XII: Prevalência de estirpes de S. aureus de acordo com a literatura literatura

Autores	Prevalência de *S. aureus*
Sapkota et al (Nepal, janeiro de 2019-junho de 2019) [18]	20%
Shahi et al (Nepal, abril de 2013-setembro de 2013) [15]	14,4%
Muhammad Mubashar Idrees (Paquistão, junho de 2021-dezembro de 2021) [17]	10,2%
Dilnessa e Bitew (Etiópia, setembro de 2013 - abril de 2014) [14]	14,3%
Gahamanyi Noe (Kigali, abril de 2014-julho de 2014)[16]	10%
Frikh (Marrocos, janeiro de 2007-dezembro de 2014) [25]	5%
Ben Lahlou (Marrocos, abril de 2012-março de 2016) [19]	27,6%
CEPCD (Europa 2019) [20]	20,6%
CEPCD (Europa 2020) [23]	21,9%
CEPCD (Europa 2021) [21]	22,1%
Blerta Kika (Albânia, janeiro de 2014 - dezembro de 2015) [22]	34,2%
Rodrigo E. Mendes (Estados Unidos 2010-2016) [24]	23,7%
Este estudo (Tunísia 2012-2022)	13%

2. DISTRIBUIÇÃO DOS ISOLADOS *de S. AUREUS* POR DEPARTAMENTO

Este estudo mostrou que aproximadamente metade das estirpes *de S. aureus* (40,8%, n=1851) foram isoladas em departamentos cirúrgicos, a maioria no departamento de ortopedia (17,6%, n=799). Esta predominância pode ser explicada, por um lado, pela utilização de materiais de implante durante a cirurgia e, por outro lado, é durante o período perioperatório que o risco de infeção é maior [31]. De facto, *o S. aureus* é capaz de formar biofilmes, que são agregações de células bacterianas que aderem a dispositivos médicos, implantes ou outras superfícies. O processo de formação de biofilme envolve a adesão das células aos polímeros da superfície do hospedeiro ou à matriz extracelular. As bactérias juntam-se, multiplicam-se e formam microcolónias. De seguida, os germes sintetizam um exopolissacarídeo que está envolvido na adesão microbiana, na estrutura do biofilme e também na reserva de energia, dando origem a um biofilme maduro. A fase final consiste no desprendimento e na dispersão das células, que têm a capacidade de aderir a novas superfícies e de formar outros biofilmes. Isto dá origem a uma infeção silenciosa que se prolonga e se torna crónica, com o problema da erradicação destes germes. Além disso, a formação de biofilmes aumenta a resistência bacteriana aos antibióticos, aos desinfectantes e à resposta imunitária do hospedeiro [32,33]. Por outro lado, os doentes admitidos numa enfermaria cirúrgica podem ser auto-infectados pela sua própria flora comensal endógena, dado o transporte individual crónico frequente (estimado em 20-30%) [34]. Além disso, o transporte pode progredir para infeção quer diretamente quer através de colonização. Além disso, mais de % dos isolados foram recebidos de enfermarias médicas (27,9%, n=1265), principalmente da enfermaria de nefrologia. Dado que este departamento inclui uma unidade de diálise, nefrologia e cuidados intensivos (UCIN), a infeção poderia ser causada pela utilização de cateteres em doentes com insuficiência renal crónica na fase de diálise, uma vez que estes parecem ser um fator de risco para a bacteriemia com um ponto de partida de infeção no equipamento quando são inseridos numa veia durante um longo período de tempo [35]. No entanto, estes resultados diferem de outros estudos nacionais e internacionais [22,26,35-37]. Foram comunicados resultados comparáveis num estudo marroquino realizado em 2015 [25] **(quadro XIII).** Um estudo realizado no Congo entre 2019 e 2020 mostrou uma predominância de cepas *de S. aureus* em neonatologia [35]. No nosso hospital, já não recebemos amostras de neonatologia ou onco-hematologia porque o laboratório do centro de maternidade e neonatologia tornou-se autónomo 2 anos após a sua fundação em 2011.

Tabela XIII: Distribuição das estirpes *de S. aureus* de acordo com os departamentos de acordo com a literatura

Autores	Distribuição das estirpes *de S. aureus* por departamento
L. G. Gangoue et al (Congo 2019 -2020) [35].	Neonatologia: 29,6% Pediatria: 24,1% Cirurgia geral: 18,5% Doenças infecciosas: 14,8% Urgências: 7,4% Gineco-obstetrícia: 3,7
LART (Tunísia 2017) [26]	Serviços médicos: 29,7% Cirurgia geral: 28,6% Pediatria: 23,3% Cuidados intensivos: 8,6% Cuidados ambulatórios: 5,6 Onco-hematologia: 3,2% Ginecologia: 1% Neonatologia: 1
Frikh (Marrocos, janeiro de 2007-dezembro de 2014) [25]	Ortopedia: 15% de desconto Outros serviços cirúrgicos: 16% Nefrologia: 4% Dermatologia: 4,6 Outros serviços médicos: 12,4% Cuidados intensivos: 7,7% Urgências: 3,3 Pediatria: 2,5
Nabyi I, Tieb C. (Argélia 2018) [36]	Nefrologia: 0,5% Dermatologia: 14,6% Outros departamentos médicos: 31,7% Ortopedia: 5,8% Outros departamentos cirúrgicos: 9,7% Cuidados intensivos: 6,8% Pediatria: 2,4
Blerta Kika (Albânia, janeiro de 2014 - dezembro de 2015) [22]	Departamentos cirúrgicos: 19,1% Nefrologia: 16,9% Dermatologia: 29,2% Outros departamentos médicos: 34,8
ONERBA (França 2017) [37]	Departamentos cirúrgicos: 11,7% Departamentos médicos: 31,7% Onco-hematologia: 4% Ginecologia: 0,4 Unidades de cuidados intensivos: 14,1% Unidades pediátricas: 3,9 Serviço de urgência: 24,5% Outros: 9,7
Este estudo (Tunísia 2012-2022)	Nefrologia: 7,4% Dermatologia: 5,3% Outros serviços

	médicos: 15,2 Ortopedia: 17,6 Outros serviços cirúrgicos: 23,2% Anestesia de cuidados intensivos: 8,3% Medicina intensiva: 8,3% Urgências: 3,3% Pediatria: 6,4

3. DISTRIBUIÇÃO DOS ISOLADOS *de S. AUREUS* POR AMOSTRA

O S. aureus é um dos principais agentes patogénicos dos seres humanos, causando várias doenças supurativas, intoxicação alimentar, pneumonia, septicemia e síndrome do choque tóxico através da produção de numerosos factores de virulência [38]. Os resultados do nosso estudo mostraram que a maioria das estirpes foi isolada de amostras de pus superficial (42,2%, n=1916). Este facto compara-se favoravelmente com outros estudos [16,18,26-29,36,39]. Em contraste, um estudo efectuado na Albânia mostrou uma predominância de isolados *de S. aureus* em hemoculturas, com as amostras de pus a ocuparem o segundo lugar [22]. As estirpes *de S. aureus* relatadas no nosso estudo, definidas como sendo responsáveis a priori por uma infeção supurativa superficial, foram isoladas em cultura monomircrobiana a partir de uma amostra de pus superficial, que foi esfregaço em quase todos os casos. No entanto, é essencial comparar a identificação do isolado com os dados clínicos, uma vez que se trata de um germe piogénico que faz parte da flora comensal da pele. Assim, para distinguir entre o comensalismo e a patogenicidade da estirpe, é obviamente necessária informação clínica. No entanto, no nosso laboratório, a maioria das amostras é recolhida sem quaisquer dados clínicos. Uma infeção supurativa local por *S. aureus* deve-se à expressão de certos factores de virulência, nomeadamente enzimas, toxinas e constituintes da parede. De facto, esta bactéria possui proteínas de superfície (adesinas) que lhe permitem aderir aos componentes da matriz extracelular e penetrar no organismo quando a barreira cutâneo-mucosa é rompida (fissuras, abrasões, incisões cirúrgicas, queimaduras, cateteres intravenosos, etc.). Uma vez atravessada a mucosa, o germe protege-se contra as defesas do hospedeiro através da sua cápsula, presente em 80% dos casos, da proteína A e da coagulase, que forma o complexo estafilotrombina-protrombina. Este complexo leva à polimerização do fibrinogénio em fibrina e à formação de um coágulo que protege a bactéria da fagocitose. *O S. aureus* também possui factores que permitem a propagação da infeção, nomeadamente toxinas (Hemolisina a, в, 5 e Leucocidina de Panton Valentine ou PVL) que se ligam às células alvo e formam canais membranares através dos quais os iões podem passar, a coagulase e a estafiloquinase, que contribuem para a difusão hematogénica da bactéria a partir do foco primário, e outras enzimas (proteases, elastase e hialuronidase) que são capazes de degradar o tecido conjuntivo, promovendo assim a disseminação do foco [4]. O ideal, portanto, é isolar a bactéria na fase de infeção supurativa localizada e tratá-la, pois a infeção pode se espalhar e se generalizar. Além disso, as culturas de sangue ocuparam o segundo lugar no nosso estudo (18,2%, n=825) e a presença da bactéria no sangue pode ser secundária a uma infeção supurativa local. emeDe facto, *o S. aureus* é a segunda causa mais frequente de bacteriemia, a seguir aos estafilococos coagulase negativa (ECN), com uma taxa de mortalidade de 20 a 40%, indicando um mau prognóstico [5]. emeAs amostras respiratórias ocuparam o terceiro lugar (9,7%, n=439). Além disso, *o S. aureus* pode, por vezes, segregar PVL, uma leucotoxina específica responsável por pneumonite necrosante grave, com uma elevada taxa de mortalidade entre 30 e 75% [6]. Estes dados são comparáveis aos resultados de outros estudos [18,26-29,36]. emeemeNo entanto, um artigo da Tailândia mostrou um resultado diferente, com predominância de isolados em amostras de pus, amostras respiratórias em 2° lugar e hemoculturas em 3° lugar [39]. ereAlém disso, de acordo com um estudo americano realizado entre 2000 e 2014, as amostras respiratórias ficaram em primeiro lugar, seguidas por amostras de pus e hemoculturas [40]. Neste estudo, as amostras respiratórias foram colhidas principalmente de doentes de cuidados intensivos, a maioria dos quais estava entubada e ventilada mecanicamente, e que receberam uma terapia antibiótica que cobria principalmente as bactérias Gram-negativas, levando a um desequilíbrio na flora e à seleção de bactérias Gram-positivas. De acordo com os nossos resultados, a ECBU ocupou o 4° lugar (4,4%, n=199) em comparação com a literatura [18,26,36,39]. A maioria das ECBUs *positivas para S. aureus* foi encontrada em unidades de saúde e no serviço de urgência. Dada a falta de dados clínicos, este facto pode ser explicado por uma possível terapia antibiótica prévia, que facilitou a seleção de determinados germes. Embora *o S. aureus* seja responsável por apenas 0,5-6% das infecções do trato urinário, uma infeção não tratada pode levar a situações graves e potencialmente fatais. O isolamento de S. aureus a partir de amostras de urina deve ser investigado mais aprofundadamente para excluir bacteriémia (por exemplo, endocardite) [41] **(Quadro XIV).**

Tabela XIV: Distribuição das estirpes de S. aureus por amostra de acordo com a literatura

Autores	Distribuição das estirpes *de S. aureus* por tipo de amostra
Sapkota et al (Nepal, janeiro de 2019-junho de 2019) [18]	Pus superficial: 56,4% Pus profundo: 23,3% ECBU: 2,3% Hemocultura: 11,3% Respiratório: 4,5% Material: 2,3
LART (Tunísia 2017) [26]	Pus: 47,6%. ECBU: 6,2% Hemocultura: 15% Respiratório: 14,7% Punção: 5,5
LART (Tunísia 2012) [27]	Pus : 48,9% ECBU: 5,9% Hemocultura: 17,7% Respiratório: 11,2% Punção: 5,1
LART (Tunísia 2015) [28]	Pus : 43,9%

	ECBU: 5,7% Hemocultura: 21,4% Respiratório: 13,8% Punção: 5,1
LART (Tunísia 2016) [29]	Pus : 46,9% ECBU: 8% Hemocultura: 18,9% Respiratório: 14% Punção: 4,2
P. WAITAYANGKOON ET AL. (Tailândia, janeiro de 2017 - dezembro de 2017)[39]	Pus: 44%. ECBU: 5,2% Hemocultura: 10% Respiratório: 30%
Nabyi I, Tieb C. (Argélia 2018) [36]	Pus: 58% ECBU: 3,5% Hemocultura: 31,7% Material: 4,2% Punção: 2,6
Gahamanyi Noe (Kigali, abril de 2014-julho de 2014)[16]	Pus: 63,3% Hemocultura: 36,7
Blerta Kika (Albânia, janeiro de 2014 - dezembro de 2015) [22]	Pus : 26,2% ECBU: 17,2% Hemocultura: 29,5% Respiratório: 14,8
Sanjat Kanjila (Estados Unidos 2000-2014) [40]	Mais: 28% das vendas Hemoculturas: 16 Respiratório: 34 Outros: 22
Este estudo (Tunísia 2012-2022)	Pus superficial: 42,2% Pus profundo: 16,8% ECBU: 4,4% Hemocultura: 18,2% Respiratório: 9,7% Material: 3,2% Punção: 3,7

4. ESTUDO DA RESISTÊNCIA DE ESTIRPES *de 5. AUREUS* A ANTIBIÓTICOS

O S. aureus é naturalmente resistente a certos antibióticos, nomeadamente a temocilina, o mecilinam, o aztreonam, o ácido nalidíxico e a colistina [42,43]. Para além da resistência natural, esta bactéria é capaz de desenvolver diferentes mecanismos para neutralizar a ação dos agentes antibacterianos. A resistência multiantibiótica nos estafilococos é um problema crescente na prática clínica e a escolha de agentes antimicrobianos tornou-se cada vez mais limitada, uma vez que este germe continua a desenvolver resistência a uma série de agentes antimicrobianos [44,45].

4.1. RESISTÊNCIA DE ISOLADOS *de S. AUREUS* À PENICILINA G

As estirpes resistentes à penicilina G apareceram na década de 1950, depois de a penicilina G ter sido introduzida no mercado por volta de 1940. Estas estirpes eram capazes de hidrolisar o antibiótico sintetizando uma enzima chamada **penicilinase**, que era capaz de quebrar o ciclo в lactama [46]. Estas bactérias adquirem assim resistência à penicilina G, à penicilina V, às aminopenicilinas, às carboxipenicilinas e às ureidopenicilinas [42]. Para ultrapassar este mecanismo de resistência, os laboratórios farmacêuticos sintetizaram novas penicilinas na década de 1960. Estas são as penicilinas semi-sintéticas do grupo M [46,47]. Neste estudo, os resultados obtidos mostraram um nível muito elevado de resistência das estirpes *de S. aureus* à penicilina G (96,4%, n=4296) em comparação com as taxas registadas noutros estudos realizados tanto a nível nacional como internacional [10,13,26,37,44, 48-50] **(Tabela XV).** Este facto pode ser explicado pela facilidade de acesso a este antibiótico e pela sua utilização sem prescrição médica prévia. Além disso, os clínicos utilizam estas moléculas como terapêutica empírica, o que levará a uma pressão de seleção sobre esta população bacteriana, resultando no aparecimento de estirpes resistentes [13].

Quadro XV: Taxas de resistência das estirpes *de V. aureus* à penicilina G de acordo com a literatura

Autores	Taxa de resistência
L. Chelkeba e T. Melaku (Etiópia 1988-2020) [13]	84%
F. R. Koinam et al (BURKINA FASO 2016) [10]	92%
Alfeky et al (Egito, setembro de 2017-dezembro de 2018)[48]	81,2%
Naimi et al (Afeganistão, setembro de 2016-fevereiro de 2017) [44]	99%
LART (Tunísia 2017) [26]	94,7%
ONERBA (França 2017) [37]	85,9%
Coombs GW (Austrália 2020) [49].	76,3%
McNeil JC et al (Estados Unidos 2019) [50].	79,6%
Este estudo (Tunísia 2012-2022)	96,4%

4.2. RESISTÊNCIA DE ISOLADOS de S. AUREUS À METICILINA

O S. aureus resistente à meticilina é uma das principais causas de infecções comunitárias e hospitalares em todo o mundo. A primeira epidemia foi descrita na década de 1960. Esta resistência à meticilina deve-se essencialmente à expressão de uma proteína adicional de ligação à penicilina (PLP2a) codificada pelo gene mecA, que se caracteriza pela sua baixa afinidade pela penicilina. No entanto, existem outros genes envolvidos na expressão desta resistência. Os Centros de Controlo e Prevenção de Doenças (CDC) classificaram o MRSA como uma "ameaça grave" [11,48,51].

No presente estudo, as estirpes de MRSA representaram 18,6% (n=828). Foram registadas taxas semelhantes nos dados do LART 2017 e do AGAR (Grupo Australiano de Resistência Antimicrobiana) [26,49]. Além disso, outros estudos demonstraram frequências de isolamento de MRSA diferentes das registadas neste trabalho [24,25,40,43,44,48,52-58]. Dado que o MRSA é transmitido principalmente por contacto direto com as mãos contaminadas de um portador ou de uma pessoa infetada ou com as mãos do pessoal de saúde, ou com superfícies e objectos contaminados, esta distribuição desigual das taxas de MRSA entre os diferentes estudos poderia ser explicada pela aplicação de medidas de isolamento e higiene para doentes com MRSA, que diferem entre as diferentes estruturas de cuidados de saúde. De facto, a aplicação de precauções padrão durante um procedimento de cuidados ou durante o exame de um doente é obrigatória, mas certas unidades de saúde podem não as aplicar corretamente, provavelmente devido à falta de recursos. Além disso, dado que a rutura da barreira cutânea favorece a infeção por MRSA, tal pode dever-se ao impacto crescente dos procedimentos invasivos e à utilização excessiva de antibióticos de largo espetro [53]. Os internamentos hospitalares prolongados e a prescrição de antibióticos de largo espetro estão entre os factores de risco para o MRSA [59]. A diferença nos procedimentos a seguir em cada hospital poderia explicar esta variação na frequência de isolamento de estirpes meti-R. Além disso, a resistência à meticilina manteve-se estável durante o período do nosso estudo, em comparação com outros estudos [20,23,25-27] **(Tabela XVI).**

Tabela XVI: Tabela comparativa das taxas de resistência das estirpes *de S. aureus* à meticilina de acordo com dados da literatura

Autores	Taxa de resistência
Qodrati et al (Irão, setembro de 2018-setembro de 2019) [53]	37,5%
Naimi et al (Afeganistão, setembro de 2016 - fevereiro de 2017) [44]	56,2%
Raut et al (Nepal, setembro de 2015 - fevereiro de 2016) [52].	43,6%
A. Khanal, S. G.C., A. Gaire et al (Nepal, janeiro de 2008 - agosto de 2020) [54]	38,2%
LART (Tunísia 2017) [26]	19,3%
Frikh (Marrocos, janeiro de 2007-dezembro de 2014) [25]	8,7%
Alfeky et al (Egito, setembro de 2017 - dezembro de 2018) [48]	81,2%
Sara Romano-Bertrand (França 2021) [43]	12,3%
Daniela Talapan (Roménia, janeiro de 2017 - dezembro de 2022) [55]	39,1%
Adriano La Vecchia (Itália 2017-2021) [57]	30%
MARTA KLOS (Polónia 2009-2013) [58]	6%
Rodrigo E. (Estados Unidos 2010-2016) [24]	10,4%
Sanjat Kanjila (Estados Unidos 2000-2014) [40]	49,9%
Margaret Carre (Estados Unidos 2010-2019) [56]	45,3%
Coombs GW (Austrália 2020) [49].	17,6%
Este estudo (Tunísia 2012-2022)	18,6%

4.3. RESISTÊNCIA DE ISOLADOS de S. AUREUS AOS AMINOGLICOSÍDEOS

Os aminoglicosídeos são antibióticos de largo espetro produzidos por estirpes de Streptomyces. É por isso que certas moléculas são reservadas aos hospitais para combater as infecções bacterianas graves. Estes agentes antimicrobianos actuam sobre a tradução do ácido ribonucleico mensageiro (ARNm) e sobre a síntese proteica, mais especificamente sobre a subunidade 30S do ribossoma bacteriano. O principal mecanismo de resistência aos aminoglicosídeos é a modificação estrutural destes antibióticos por enzimas modificadoras de aminoglicosídeos (AMEs) [36,60]. Na nossa série, as taxas de resistência à canamicina, tobramicina e gentamicina foram de 28%, 11,5% e 7,4%, respetivamente. Estudos nacionais e internacionais mostraram taxas de resistência à canamicina comparáveis às aqui registadas [26,29,49,55,58]. Níveis mais baixos de resistência foram observados noutros estudos [61,62]. De acordo com o LART 2015, a percentagem de resistência à canamicina foi de 75%. Quanto à tobramicina e à gentamicina, taxas mais altas foram relatadas na literatura [14,26,28,29,44,48,61,63]. De acordo com os dados da ONERBA de 2018, a gentamicina e a tobramicina apresentaram taxas de resistência de 1,7% e 5,8%, respetivamente [62]. No entanto, de acordo com um estudo realizado no Burquina Faso, não foi observada resistência à gentamicina e 16% das estirpes eram resistentes à tobramicina [10]. A resistência aos aminoglicosídeos manteve-se estável ao longo dos onze anos do estudo, com exceção da canamicina, que apresentou um valor mais elevado em 2020 (42,9%, n= 39/91) **(Quadro XVII).** Este facto pode ser explicado pelo menor número de estirpes testadas em comparação com os outros anos.

Quadro XVII: Taxa de resistência das estirpes *de S. aureus* aos aminoglicosídeos
de acordo com a literatura

Autores	Taui GM	t de resistência TB	nce И9
Naimi et al (Afeganistão, setembro de 2016 - fevereiro de 2017) [44]	25,7%	32,4%	
Dilnessa e Bitew (Etiópia, setembro de 2013 - abril de 2014) [14]	13,4%		
ALLE AKAKPO Amavi Essenam (Mali 2000-2020) [61]	17 %		15 %
F. R. Koinam et al (BURKINA FASO 2016) [10]	0 %	16%	
A.-C. Dikoumba et al (Gabão 2016-2018) [63]	18 %	15%	
Alfeky et al (Egito, setembro de 2017 - dezembro de 2018) [48]	57,6 %		
LART (Tunísia 2015) [28]	34,7%	46%	75%
LART (Tunísia 2016) [29]	15%	21,7%	32,5%
LART (Tunísia 2017) [26]	12,3%	15,2%	28,7%
ONERBA (França 2018) [62]	1,7%	5,8%	6,6%
MARTA KLOS (Polónia 2009-2013) [58]	6%	16,8%	
Daniela Talapan (Roménia, janeiro de 2017 - dezembro de 2022) [55]	5,9%		
Coombs GW (Austrália 2020) [49].	2%		
Este estudo (Tunísia 2012-2022)	7,4 %	11,5%	28%

GM = Gentamicina; TB = Tobramicina; KN = Canamicina.

4.4. RESISTÊNCIA DE ISOLADOS *de S. AUREUS* AOS MACRÓLIDOS

Os macrólidos, as lincosamidas e as estreptograminas (MLS) são um grupo quimicamente distinto de antibióticos que actuam principalmente através da inibição da síntese proteica bacteriana. Estes agentes antimicrobianos são utilizados como medicamentos alternativos para o tratamento de determinadas infecções por *S. aureus*, nomeadamente em pessoas alérgicas à penicilina. Os macrólidos e as lincosamidas têm atividade bacteriostática contra os estafilococos, enquanto as estreptograminas (pristinamicina, quinupristina e dalfopristina) são compostas por

2 subunidades A e B, actuando sinergicamente e possuindo atividade bactericida. No entanto, a utilização generalizada destes antibióticos favoreceu o desenvolvimento de estirpes resistentes. Estão envolvidos três mecanismos principais na resistência bacteriana de *5. aureus* aos macrólidos, nomeadamente a modificação do alvo, a inativação enzimática e o efluxo ativo [64]. Neste estudo, foram demonstradas taxas de resistência de 13,8% e 5,3% à eritromicina e à lincomicina, respetivamente. Estes resultados são coerentes com os dados do LART 2017 e do AGAR [26,49]. No entanto, outros estudos nacionais [28,29] e internacionais [10,14,37,44,55,58,61,62,65] registaram taxas de resistência significativamente mais elevadas a estes dois agentes antimicrobianos. Por outro lado, não foi registada qualquer resistência à combinação de estreptogramina A e B. Este resultado é confirmado por outros estudos [26,28,29,66]. No entanto, de acordo com uma meta-análise realizada no Mali entre 2000 e 2020 e dados da ONERBA 2017, as taxas de resistência à pristinamicina são de 27% e 1,5%, respetivamente [37]. De facto, existem três fenótipos de resistência à estreptogramina:

- O fenótipo SA envolve um sistema de efluxo para o componente A das sinergistinas e é codificado pelos genes vga e vgaB localizados em plasmídeos.
- O fenótipo SA+SB é o resultado de uma acumulação de diferentes mecanismos, tais como os genes vga, vgt e vgaB em associação com genes de metilase.
- O fenótipo da LSA, o seu mecanismo e os genes que o codificam ainda não são claros [67].

O aparecimento de estirpes resistentes à pristinamicina poderia ser explicado pela pressão de seleção gerada pela utilização abusiva e muitas vezes incorrecta deste antibiótico. A não observância das regras de higiene poderia, por conseguinte, contribuir para a transmissão de estirpes resistentes de pessoa para pessoa. Na Tunísia, as primeiras estirpes de *S. aureus* resistentes à pristinamicina foram descritas no departamento de microbiologia de Sfax em 2014 [68-70] **(quadro XVIII)**.

Tabela XVIII: Taxas de resistência das estirpes *de S. aureus* aos macrólidos de acordo com a literatura

Autores	Taxa de resistência		
	Eryth	Linco	Preço/QDF
Shariati et al (Irão 2018) [66]			0,1 %
Naimi et al (Afeganistão, setembro de 2016 - fevereiro de 2017) [44]	63,8 %		
M.Khodabandeh et al (Irão 2016-2017) [65]	91,5 %	76,3 %	
Dilnessa e Bitew (Etiópia, setembro de 2013 - abril de 2014) [14]	53,1 %	11,9 %	
F. R. Koinam et al (BURKINA FASO 2016) [10]	44 %		
ALLE AKAKPO Amavi Essenam (Mali 2000-2020) [61]	44 %	35 %	27 %

LART (Tunísia 2015) [28]	37,7 %	14,5 %	0 %
LART (Tunísia 2016) [29]	25 %	9,4 %	0 %
LART (Tunísia 2017) [26]	17,4 %	6,2 %	0,4 %
ONERBA (França 2018) [62]	27,8 %		
ONERBA (França 2017) [37]	27,6%	7,9%	1,5%
Daniela Talapan (Roménia, janeiro de 2017 - dezembro de 2022) [55]	50%		
Rodrigo E. (Estados Unidos 2010-2016) [24]	56,2%	17,7%	
Coombs GW (Austrália 2020) [49].	12,6%	12,5%	
Este estudo (Tunísia 2012-2022)	13,8 %	5,3 %	0 %

Eryth = eritromicina; Linco = lincomicina; Prist = pristinamicina; QDF = quinupristina e dalfopristina.

4.5. RESISTÊNCIA DE ISOLADOS *de S. AUREUS* ÀS FLUOROQUINOLONAS

5. aureus é naturalmente sensível às fluoroquinolonas, que inibem o crescimento bacteriano ao interromper a replicação do ADN. A resistência adquirida a esta família de antibióticos é o cruzamento entre as diferentes moléculas, conhecido como um "fenómeno de classe", e é secundária à acumulação de vários mecanismos de resistência em "escada". A maior parte da resistência bacteriana é cromossómica, devida a mutações pontuais cromossómicas no alvo (girase e/ou topoisomerase IV) ou, mais raramente, a um sistema de efluxo. Além disso, esta resistência pode ser plasmídica (o plasmídeo Qnr) [42,71,72]. Neste estudo, a resistência à ciprofloxacina, ofloxacina, levofloxacina e norfloxacina foi de 14,5%, 12,2%, 14,6% e 13,3%, respetivamente. Estas percentagens podem estar distorcidas, uma vez que o número de estirpes testadas difere de uma fluoroquinolona para outra. Além disso, de acordo com as recomendações do EUCAST, a norfloxacina é utilizada como teste de despistagem da resistência a esta classe terapêutica. De facto, se a estirpe for sensível à norfloxacina, será sensível a todas as fluoroquinolonas. No entanto, a resistência à norfloxacina exige a realização de testes de sensibilidade à fluoroquinolona prescrita. Foram comunicadas taxas de resistência mais elevadas noutros estudos [10,14,15,24,35,44,48,61,71]. Os dados do LART 2012, 2015, 2016 e 2017, bem como um estudo realizado no Gabão e publicado em 2021, revelaram taxas de resistência à ofloxacina comparáveis à taxa registada neste estudo [26-29,63] **(quadro XIX).** Estes resultados poderiam ser explicados pelo impacto da prescrição prévia destes agentes antimicrobianos em monoterapia, o que favorece a seleção de mutantes resistentes e conduz ao insucesso terapêutico em caso de tratamento posterior com estes antibióticos. Daí a necessidade de uma prescrição bem gerida e justificada de fluoroquinolonas [72,73].

Tabela XIX: Taxas de resistência das estirpes *de S. aureus* às fluoroquinolonas de acordo com dados da literatura

Autores	Taxa de resistência			
	Cip	Oflo	Lev	Nem
Naimi et al (Afeganistão, setembro de 2016 - fevereiro de	55,3%			

2017) [44]				
L. G. Gangoue et al (Congo 2019 -2020) [35].	67,5%	72,5%	62,5%	70%
ALLE AKAKPO Amavi Essenam (Mali 2000-2020) [61]	29 %	25%	50%	
F. R. Koinam et al (BURKINA FASO 2016) [10]	40 %			
A.-C. Dikoumba et al (Gabão, janeiro de 2016 - março de 2018) [63]		10 %		
Dilnessa e Bitew (Etiópia, setembro de 2013 - abril de 2014) [14]	31,4%			
Shahi et al (Nepal, abril de 2013-setembro de 2013) [15]	32,1%		22,9%	
Gade e Qazi (Índia, novembro de 2009 - dezembro de 2011) [71]	57,6%	51,2 %	30,4%	
Alfeky et al (Egito, setembro de 2017 - dezembro de 2018) [48]	31,8%		37,1%	
LART (Tunísia 2017) [26]		10,2%		
LART (Tunísia 2012) [27]		13,5%		
LART (Tunísia 2015) [28]		13,8%		
LART (Tunísia 2016) [29]		10%		
Rodrigo E. (Estados Unidos 2010-2016) [24]			38,7%	
Rodrigo E. (Europa 2010-2016) [24]			26,9%	
Este estudo (Tunísia 2012-2022)	14,5%	12,2%	14,6%	13,3%

Cip = Ciprofloxacina; Oflo = Ofloxacina; Lev = Levofloxacina; Nor = Norfloxacina.

4.6. RESISTÊNCIA DE ISOLADOS de S. AUREUS AOS GLICOPEPTÍDEOS

Os glicopeptídeos são armas essenciais na luta contra o MRSA, em particular a vancomicina, que se mantém como tratamento de referência há mais de 50 anos desde a sua introdução. Em alguns casos, a teicoplanina pode tornar-se uma alternativa à vancomicina devido à baixa incidência de efeitos adversos, como a nefrotoxicose, ao seu custo mais baixo e ao facto de continuar ativa contra certas estirpes resistentes à vancomicina, como as estirpes do tipo vanB [34,74,75]. De acordo com as recomendações nacionais emitidas em fevereiro de 2006, a teicoplanina é o tratamento de eleição para as infecções osteoarticulares, uma vez que penetra mais facilmente no osso e é mais fácil de administrar numa dose única diária, quer por perfusão curta, quer por via intramuscular [34]. O primeiro *S. aureus* intermediário à vancomicina e o primeiro *S. aureus* resistente à vancomicina foram detectados, respetivamente, no Japão em 1997 e nos Estados Unidos em 2002. No entanto, o mecanismo exato da resistência continua mal elucidado [67, 74]. As estirpes *de S. aureus* incluídas neste estudo mostram uma excelente sensibilidade aos glicopeptídeos, com apenas 1,2% e 0,9% de estirpes resistentes à vancomicina e à teicoplanina, respetivamente. Alguns outros estudos mostram que a sensibilidade de *S. aureus* aos glicopeptídeos é baixa ou mesmo inalterável [24,26-29,37,44,49,55,63]. Noutros artigos, foram relatadas taxas de resistência mais elevadas [10,13,14,48]. De acordo com os Centros de Controlo e Prevenção de Doenças (CDC), os factores de risco para o aparecimento de VRSA são: infecções ou colonizações anteriores por MRSA e enterococos, doenças subjacentes (como úlceras cutâneas crónicas e diabetes) e tratamento anterior com vancomicina [76]. Este facto poderá explicar o aumento significativo da resistência à vancomicina em 2021 e à teicoplanina em 2020 e 2021 (**quadro XX**).

Quadro XX: Taxa de resistência das estirpes *de S. aureus* aos glicopeptídeos de acordo com a literatura

Autores	Taxa de i Carrinha	resistência Teico
Legese Chelkeba (Etiópia 1988- março de 2020) [13]	29%	
Naimi et al (Afeganistão, setembro de 2016 - fevereiro de 2017) [44]	0%	
Dilnessa e Bitew (Etiópia, setembro de 2013 - abril de 2014) [14]	5,1 %	
F. R. Koinam et al (BURKINA FASO 2016) [10]	4 %	
A.-C. Dikoumba et al (Gabão, janeiro de 2016 - março de 2018) [63]	0 %	0 %
Alfeky et al (Egito, setembro de 2017 - dezembro de 2018) [48]		17,1 %
LART (Tunísia 2017) [26]	0 %	0 %
LART (Tunísia 2012) [27]	0 %	0 %
LART (Tunísia 2015) [28]	0,2 %	0,2 %
LART (Tunísia 2016) [29]	0,5 %	0 %
Coombs GW (Austrália 2020) [49].	0%	0,1%
Rodrigo E. (Estados Unidos 2010-2016) [24]	0%	0,2%
Rodrigo E. (Europa 2010-2016) [24]	0%	0,1%
ONERBA (França 2017) [37]	0,3%	0,3%
Daniela Talapan (Roménia, janeiro de 2017 - dezembro de 2022) [55]	0%	0,2%
Este estudo (Tunísia 2012-2022)	1,2 %	0,9 %

Van: vancomicina; Teico: teicoplanina.

4.7. RESISTÊNCIA DE ISOLADOS *de S. AUREUS* A OUTROS ANTIBIÓTICOS

4.7.1. FOSFOMICINA

A fosfomicina é um agente antimicrobiano bactericida com um amplo espetro de atividade contra agentes patogénicos Gram-negativos e Gram-positivos. O principal mecanismo de resistência é a alteração dos sistemas de transporte bacteriano do antibiótico em resultado de uma mutação cromossómica. Devido à sua disponibilidade para tratamento oral e ao seu custo inferior ao de outros agentes anti-estafilocócicos, a fosfomicina tem grandes perspectivas de aplicação no tratamento do MRSA [77,78]. No presente estudo, a resistência à fosfomicina foi de 5,6%. Foram registadas taxas comparáveis na literatura [27,36]. Além disso, em dois estudos realizados no Gabão e no Gana, não foi detectada qualquer resistência a este agente antimicrobiano [63,79]. No entanto, foi registada uma taxa de resistência de 23% num estudo no Mali também publicado em 2021 [61] (**Quadro XXI**). Dado que a utilização da fosfomicina como monoterapia seleciona muito rapidamente a resistência, estes resultados poderiam ser explicados pela sua prescrição inadequada e muitas vezes irreflectida [73].

Quadro XXI: Taxas de resistência de estirpes *de 5. aureus* à fosfomicina de acordo com a literatura

Autores	Taxa de resistência
ALLE AKAKPO Amavi Essenam (Mali 2000-2020) [61]	23%
A.-C. Dikoumba et al (Gabão, janeiro de 2016 - março de 2018) [63]	0%
Nana Ama Amissah (Gana 2014-2015) [79]	0%
LART (Tunísia 2012) [27]	5,2%
Nabyi I, Tieb C. (Argélia 2018) [36]	7,37
Este estudo (Tunísia 2012-2022)	5,6%

4.7.2. ÁCIDO FUSÍDICO

O ácido fusídico é derivado do fungo Fusidium coccineum. Este agente antimicrobiano tem uma atividade moderada contra a maioria das bactérias Gram-positivas, incluindo estafilococos, MRSA e certas bactérias anaeróbias Gram-negativas. É uma alternativa muito importante e valiosa à vancomicina na luta contra os organismos resistentes. O ácido fusídico tem efeitos principalmente bacteriostáticos, embora possa ser bactericida em concentrações elevadas. Caracteriza-se por uma elevada taxa de mutação [68,80]. Neste estudo, observámos uma taxa global de resistência a este antibiótico de 27,1%, com um aumento constante desta taxa ao longo dos anos, atingindo 40,6% (n=191) em 2022. Estes resultados poderiam ser explicados pela utilização excessiva do medicamento, pelo incumprimento dos tempos de tratamento e pela prescrição em monoterapia, o que leva à seleção de mutantes resistentes. Além disso, a Autoridade Nacional de Saúde francesa (HAS) indicou que o tratamento local com ácido fusídico promove a resistência, o que poderia ser prejudicial para a sua utilização por via oral ou injctável [73,81]. Foram registadas taxas mais baixas na literatura [10,37,49,62,79]. No entanto, um estudo argelino realizado em 2019 revelou uma taxa de resistência mais elevada de 43,83% [36] **(quadro XXII)**.

Tabela XXII: Taxa de resistência de estirpes *de 5. aureus* ao ácido fusídico ácido fusídico de acordo com dados da literatura

Autores	Taxa de resistência
F. R. Koinam et al (BURKINA FASO 2016) [10]	4 %
Nana Ama Amissah (Gana 2014-2015) [79]	0%
Nabyi I, Tieb C. (Argélia 2018) [36]	43,83 %
ONERBA (França 2018) [62]	17,8 %
ONERBA (França 2017) [37]	5,4%
Coombs GW (Austrália 2020) [49].	3%
Este estudo (Tunísia 2012-2022)	27 ,1 %

4.7.3. TETRACICLINA

Estes são antibióticos baratos e de largo espetro amplamente utilizados para tratar infecções por *S. aureus* em humanos [82]. Os resultados do nosso estudo mostraram uma taxa de resistência a este agente antimicrobiano de 28,9%, em comparação com as taxas registadas noutros estudos nacionais e internacionais [26-29,44,58]. Taxas mais elevadas foram relatadas noutros estudos [10,13,48,61,63]. No entanto, de acordo com um estudo realizado nos Estados Unidos entre 2010 e 2016 e publicado em 2019, as taxas de resistência às tetraciclinas na América e na Europa foram de 6,6% e 8%, respetivamente. Uma percentagem de 2,95% foi observada num estudo argelino realizado em 2018 [36] (**Tabela XXIII**).

Tabela XXIII: Taxas de resistência de estirpes *de 5. aureus* à tetraciclina de acordo com a literatura

Autores	Taxa de resistência
Legese Chelkeba (Etiópia 1988- março de 2020) [13]	61%
Naimi et al (Afeganistão, setembro de 2016 - fevereiro de 2017) [44]	22,8%
ALLE AKAKPO Amavi Essenam (Mali 2000-2020) [61]	68
F. R. Koinam et al (BURKINA FASO 2016) [10]	48%
A.-C. Dikoumba et al (Gabão, janeiro de 2016 - março de 2018) [63]	33%
Alfeky et al (Egito, setembro de 2017 - dezembro de 2018) [48]	52,1%
LART (Tunísia 2017) [26]	32%
LART (Tunísia 2012) [27]	30,6%
LART (Tunísia 2015) [28]	29,1%
LART (Tunísia 2016) [29]	29,2%
Nabyi I, Tieb C. (Argélia 2018) [36]	2,9%
MARTA KLOS (Polónia 2009-2013) [58]	16,8%
Rodrigo E. (Europa 2010-2016) [24]	8%
Rodrigo E. (Estados Unidos 2010-2016) [24]	6,6%
Este estudo (Tunísia 2012-2022)	28,9%

4.7.4. COMBINAÇÃO DE TRIMETOPRIM-SULFAMETOXAZOL

O trimetoprim é utilizado em associação com as sulfonamidas. Potencializa a sua ação ao inibir a síntese do ácido folínico. Esta combinação tem um efeito bactericida. É uma alternativa possível para o tratamento do MRSA [83]. A combinação timetoprim-sulfametoxazol mantém uma atividade muito boa contra todas as estirpes testadas, com 5,9% de estirpes resistentes. Esta taxa é comparável aos dados do LART 2012, 2015, 2016 e 2017 e aos resultados de um estudo realizado no Gabão em 2021 [26-29,63]. No entanto, outros estudos internacionais registaram taxas mais elevadas [10,36,44,48,61]. Um estudo americano publicado em 2018 e dados da ONERBA 2017 e 2018 mostraram resistências mais baixas de 1,7%, 1% e 0,4%, respetivamente [62]. (**Tabela XXIV**)

Quadro XXIV: Taxa de resistência das estirpes *de 5. aureus* à combinação combinação timetoprim-sulfametoxazol de acordo com dados da literatura

Autores	Taxa de resistência
Naimi et al (Afeganistão, setembro de 2016 - fevereiro de 2017) [44]	42,9%
ALLE AKAKPO Amavi Essenam (Mali 2000-2020) [61]	41%
F. R. Koinam et al (BURKINA FASO 2016) [10]	60

A.-C. Dikoumba et al (Gabão, janeiro de 2016 - março de 2018) [63]	6%
Alfeky et al (Egito, setembro de 2017 - dezembro de 2018) [48]	27,1%
Nabyi I, Tieb C. (Argélia 2018) [36]	25%
LART (Tunísia 2017) [26]	2,2%
LART (Tunísia 2012) [27]	2,5%
LART (Tunísia 2015) [28]	3,4%
LART (Tunísia 2016) [29]	3,1%
Rodrigo E. (Estados Unidos 2010-2016) [24]	1,7%
ONERBA (França 2018) [62]	0,4%
ONERBA (França 2017) [37]	1%
Este estudo (Tunísia 2012-2022)	5,9%

4.7.5. RIFAMPICINA

É o antibiótico de largo espetro mais utilizado na prática clínica. É um agente bactericida potente, caracterizado por uma difusão muito boa nos tecidos. Este agente antimicrobiano é utilizado em terapêutica combinada tanto nas infecções de origem material como nas infecções graves por *S. aureus*. Assim, este antibiótico pode melhorar a resposta terapêutica à infeção por *S. aureus* com Suscetibilidade Intermédia à Vancomicina (VISA) quando utilizado em combinação com linezolida ou daptomicina [84,85]. Na nossa série, 7,4% eram resistentes à rifampicina. Este resultado é consistente com alguns dados da literatura [10,36,44]. Outros estudos internacionais mostraram taxas de resistência mais baixas [20,49,63]. Por outro lado, um estudo egípcio realizado em 2022 e dados do ONERBA-França 2018 comunicaram taxas de resistência de 24,8% e 18,1%, respetivamente [48,62]. A utilização prolongada de rifampicina e a sua prescrição como monoterapia podem explicar a emergência de estirpes resistentes a este antibiótico [85] (**quadro XXV**).

Quadro XXV: Taxas de resistência das estirpes *de S. aureus* à rifampicina de acordo com a literatura

Autores	Taxa de resistência
Naimi et al (Afeganistão, setembro de 2016 - fevereiro de 2017) [44]	4,8%
Alfeky et al (Egito, setembro de 2017 - dezembro de 2018) [48]	24,8%
Nabyi I, Tieb C. (Argélia 2018) [36]	6,63%
F. R. Koinam et al (BURKINA FASO 2016) [10]	4%
A.-C. Dikoumba et al (Gabão, janeiro de 2016 - março de 2018) [63]	2%
CEPCD (Europa 2019) [20]	0,5 %
ONERBA (França 2018) [62]	18,1%
Coombs GW (Austrália 2020) [49].	0,3%
Este estudo (Tunísia 2012-2022)	7,4%

4.7.6. CLORANFENICOL

Trata-se de um agente bacteriostático de largo espetro que interfere com a síntese proteica, ligando-se à subunidade ribossómica 50S. Existem três mecanismos de resistência a este antibiótico, nomeadamente a inativação enzimática, o efluxo ativo ou a modificação do alvo [86]. A percentagem de resistência ao cloranfenicol neste trabalho foi de 1,9%, em comparação com os dados do LART 2012, 2015, 2016 e

2017 [26-29]. No entanto, esta taxa continua a ser inferior em comparação com os resultados de alguns estudos internacionais [10,13,14,44,48,61]. Esta baixa taxa de resistência pode ser explicada pela utilização limitada desta terapia antibiótica. A utilização generalizada do cloranfenicol tem sido dificultada pela sua toxicidade, uma vez que a administração sistémica está associada a uma anemia aplástica irreversível. Atualmente, a sua utilização está limitada principalmente a aplicações tópicas em casos de conjuntivite estafilocócica [86] **(quadro XXVI).**

Quadro XXVI: Taxas de resistência das estirpes *de S. aureus* ao cloranfenicol de acordo com dados da literatura

Autores	Taxa de resistência
Legese Chelkeba (Etiópia 1988- março de 2020) [13]	49%
Naimi et al (Afeganistão, setembro de 2016 - fevereiro de 2017) [44]	35,3%
Dilnessa e Bitew (Etiópia, setembro de 2013 - abril de 2014) [14]	18,6%
ALLE AKAKPO Amavi Essenam (Mali 2000-2020) [61]	50%
F. R. Koinam et al (BURKINA FASO 2016) [10]	8%
Alfeky et al (Egito, setembro de 2017 - dezembro de 2018) [48]	25,3%
LART (Tunísia 2017) [26]	32%
LART (Tunísia 2012) [27]	30,6%
LART (Tunísia 2015) [28]	29,1%
LART (Tunísia 2016) [29]	29,2%
Este estudo (Tunísia 2012-2022)	1,9%

5. EPIDEMIOLOGIA do MRSA

5.1. DISTRIBUIÇÃO DO MRSA PELOS DIFERENTES DEPARTAMENTOS

As infecções por MRSA continuam a aumentar a nível mundial nos hospitais e, mais recentemente, na comunidade. De facto, a transmissão destes microrganismos é muitas vezes feita a partir de reservatórios essencialmente humanos, que consistem em doentes infectados ou colonizados e pessoal hospitalar, e mesmo famílias [87]. Neste estudo, a taxa mais elevada de MRSA foi encontrada na unidade de cuidados intensivos (28,8%), seguida do serviço de urgência (20,3%), dos serviços cirúrgicos (18,8%), principalmente no serviço de cirurgia geral, e das unidades de saúde (17,3%). A percentagem de MRSA nas outras especialidades situa-se dentro deste intervalo, com uma média de 13,6%. A elevada taxa de MRSA na unidade de cuidados intensivos e no serviço de urgência pode ser explicada pela sua capacidade de estar presente no biofilme de dispositivos como cateteres, tubos de entubação e cateteres urinários. O biofilme favorece a transição para a cronicidade e facilita a persistência e a multiplicação do MRSA no local e, por conseguinte, a aquisição de resistência e a transferência desta resistência entre organismos, o que representa um obstáculo à ação dos antibióticos. Nos serviços cirúrgicos, a infeção por MRSA pode ser adquirida no pré-operatório, no intra-operatório ou no pós-operatório. A contaminação pode ocorrer a partir do próprio doente por via hematogénea ou cutânea, em caso de colonização prévia por *S', aureus* ou em caso de infeção ativa concomitante à operação. O operador também pode estar implicado, através das suas mãos, de escamas de pele, da aerocontaminação ou da utilização de instrumentos sépticos. A infeção pós-operatória pode ser secundária à contaminação por sujidade da cicatriz ou por via hematogénica, a partir de equipamento como um cateter, dreno ou cateter urinário [88]. O MRSA nas unidades de saúde faz parte de uma infeção comunitária e é, na maioria das vezes, secundário ao contacto com superfícies contaminadas [89]. Os estudos efectuados sobre a epidemiologia do MRSA são numerosos e variados. Alguns deles foram realizados à escala nacional, enquanto outros foram realizados à escala internacional. Este facto torna-os difíceis de comparar. Um estudo marroquino publicado em 2015 mostrou que as estirpes de MRSA foram isoladas principalmente em unidades de queimados (20,4%), unidades de trauma (16,3%) e unidades de cuidados intensivos (10,4%) [25]. Outro estudo argelino apresentou resultados diferentes. As estirpes de MRSA foram isoladas principalmente em dermatologia (14,6%), no centro de queimados (11,7%) e no departamento de doenças infecciosas (9,7%) [36]. Além disso, os dados do LART 2012, 2015, 2016 e 2017 mostraram uma predominância de MRSA na unidade de cuidados intensivos (25%, 44,1%), na unidade de neonatologia (38,1%, 41,9%), na unidade de pediatria (17,8%, 20,6%) e na unidade de cirurgia (15,9, 19,4%) [26-29]. A diferença na resistência aos antibióticos de uma série para outra dentro dos diferentes serviços hospitalares pode ser explicada principalmente pela ecologia microbiana dos serviços em causa e pela implementação de uma política direcionada e personalizada para combater a propagação de MRSA, específica para cada serviço. Na mesma medida, as melhorias associadas à implementação de uma estratégia de rastreio de portadores e a promoção de uma gestão prudente da terapêutica antibiótica permitiram reduzir a proporção média de MRSA [20,88,90].

5.2. DISTRIBUIÇÃO DE MRSA EM DIFERENTES AMOSTRAS

Neste estudo, as estirpes de MRSA foram predominantes nos materiais (24,5%, n=34) e nas hemoculturas (23,3%, n=186). As pessoas com boa saúde transportam a bactéria na pele ou no trato respiratório, com preferência pelo nariz. As taxas registadas de transporte nasal são de cerca de 25-30%. Isto não constitui um risco direto de infeção, mas muda em caso de cirurgia ou de inserção de cateteres, cateteres urinários ou outros dispositivos médicos que não sejam devidamente mantidos [39,91]. A patogénese das infecções em materiais está intimamente ligada à capacidade do *S. aureus* de produzir um biofilme. Esta estrutura é uma organização heterogénea de bactérias rodeadas por uma matriz extracelular. A formação do biofilme processa-se em várias fases. Os germes devem primeiro aderir a uma superfície. Depois, aglomeram-se, multiplicam-se e formam microcolónias. De seguida, produzem uma matriz extracelular para formar um biofilme maduro. As bactérias podem então separar-se do biofilme para colonizar outras superfícies à distância [33,92]. Por um lado, o biofilme permite que os agentes patogénicos escapem às defesas do hospedeiro através do seu efeito de barreira mecânica ou degradando os polinucleares de neutrófilos vizinhos e neutralizando o seu efeito bactericida. Por outro lado, constitui um obstáculo terapêutico devido à sua estrutura, que limita a difusão dos antibióticos, à elevada densidade bacteriana no seu interior, que reduz a eficácia de certas classes terapêuticas, e à formação de estirpes variantes *de S. aureus* com pequenas colónias e maior tolerância aos agentes antibacterianos. Isto explica que poucos antibióticos permaneçam activos sobre os biofilmes, nomeadamente a rifampicina, privilegiada para o tratamento das infecções osteoarticulares, em particular sobre o material [92,93]. Uma infeção sobre o material pode ser a porta de entrada para uma bacteriémia. De facto, *o S. aureus* tem vários factores de virulência que permitem a propagação da infeção, nomeadamente toxinas (Hemolisina a, в, 5 e Leucocidina de Panton Valentine ou PVL), coagulase, estafilocinase e outras enzimas (proteases, elastase e hialuronidase) [4]. Além disso, o uso de um cateter venoso central por um período prolongado, superior a 30 dias, aumenta significativamente o risco de bacteremia por MRSA [7,94]. No entanto, as amostras de pus foram a maioria em alguns outros estudos [11,14,57,95]. Além disso, um estudo tailandês publicado em 2020 mostrou uma predominância de MRSA em amostras respiratórias [39]. Em contrapartida, um estudo egípcio realizado entre setembro de 2017 e dezembro de 2018 revelou que as estirpes de MRSA predominavam nas hemoculturas [48]. A ECBU ficou em primeiro lugar num estudo iraniano publicado em 2022 [53]. A presença de MRSA em hemoculturas pode ser secundária à utilização de cateteres, cateteres urinários ou outros dispositivos médicos que não são devidamente mantidos e se os procedimentos de higiene não forem rigorosamente seguidos [81] **(quadro XXVII)**.

Quadro XXVII: Distribuição de MRSA em diferentes amostras

Autores	Taxa de resistência					
	Pus sup.	Mais prof.	HC	Res.	ECBU	Mat.
La Vecchia et al (Itália, janeiro de 2017-dezembro de 2021) [57].	57		17	16	5	
Raut et al (Nepal, setembro de 2015 - fevereiro de 2016) [52].	33,3	42,9	49,2			
Qodrati et al (Irão, setembro de 2018-setembro de 2019) [53]	39,1		39,9	41,7	54,2	38,5
S. AL MUSAWI (Arábia Saudita 2009- 2019) [11]	52,4		6,9	1,7		
Alfeky et al (Egito, setembro de 2017 - dezembro de 2018) [48]	9,4		16,7	8,7	8,7	9,4
Dilnessa e Bitew (Etiópia 2013- 2014) [14]	20,3		11,8	0	0	
P.WAITAYANGKOON (Tailândia 2017) [39]	12		15	23	20	
L. Garriga (Espanha, julho de 2017 - junho de 2018) [95]	10,2	29,3	12,9		0	0
Este estudo (Tunísia 2012-2022)	16,6	17,9	23,3	19,8	18,7	24,5

Pus sup: pus superficial; Pus prof: pus profundo; HC: hemocultura; Res: amostragem respiratória; ECBU: exame citobacteriológico de urina; Mat. Materiais.

6. AUTOCRÍTICA DO ESTUDO

É importante referir algumas das limitações deste trabalho. Por um lado, trata-se de um estudo retrospetivo em que estamos limitados pelos dados clínicos, que podem estar incompletos ou não incluir todas as variáveis relevantes. Por outro lado, dada a grande dimensão da amostra e a falta de informatização do nosso hospital, não podemos consultar todos os processos dos doentes, pelo que não teremos acesso a dados clínicos e epidemiológicos e não podemos ter uma ideia da revolução clínica dos doentes. Além disso, dada a falta de informação clínica e a elevada frequência de portadores de MRSA, não conseguimos saber se as estirpes que estamos a isolar são realmente patogénicas ou colonizadoras.

5 CONCLUSÃO

O S. aureus é a espécie mais patogénica do género Staphylococcus. Esta bactéria ubíqua pode existir como uma bactéria comensal da pele e das membranas mucosas. No entanto, em determinadas circunstâncias, pode tornar-se patogénica e causar infecções que vão desde infecções cutâneas benignas a doenças graves como a pneumonia e a septicemia. O equilíbrio entre o estatuto de comensal e patogénico depende de vários factores, incluindo o sistema imunitário do hospedeiro e a capacidade de escapar às suas defesas ou de produzir toxinas. As infecções estafilocócicas constituem um importante problema de saúde pública, tanto devido à virulência deste agente patogénico como ao aparecimento de estirpes resistentes a vários agentes antimicrobianos, incluindo a meticilina.

Neste contexto, este estudo centrou-se na epidemiologia desta estirpe bacteriana no laboratório de microbiologia do Hospital Universitário Fattouma Bourguiba em Monastir durante um período de 11 anos, de janeiro de 2012 a dezembro de 2022. Foram incluídas todas as amostras provenientes de cirurgia, medicina, cuidados intensivos, pediatria, urgências e unidades de saúde do mesmo hospital universitário. O objetivo era determinar a frequência dos isolados *de S. aureus* nas várias amostras provenientes dos vários departamentos e informar sobre as alterações na resistência aos antibióticos destas estirpes ao longo dos anos, de modo a poderem ser implementadas estratégias terapêuticas e preventivas adequadas.

Durante o período de estudo, incluímos 4541 estirpes *de S. aureus*, representando uma prevalência de 13%. Esta prevalência manteve-se relativamente constante ao longo dos anos, com exceção de 2022, ano em que se observou um pico de 19% (n=491). A maioria das estirpes foi isolada de departamentos cirúrgicos (n=1851, 40,8%), principalmente do departamento de ortopedia (n=799, 17,6%), e de departamentos médicos, principalmente do departamento de nefrologia. A evolução das percentagens *de S. aureus* nos vários serviços manteve-se estável ao longo do período. Este germe foi encontrado em diferentes locais anatómicos em proporções variáveis. [eme]Cerca de metade das estirpes *de S. aureus* foram isoladas de amostras de pus superficial (n = 1916, ou 42,2%), ocupando as hemoculturas o segundo lugar (n = 825, ou 18,2%), seguidas das amostras de pus profundo (n = 762, ou 16,8%). Os níveis de *S. aureus* nas hemoculturas e nas amostras de pus profundo mantiveram-se praticamente constantes. No entanto, foi observada uma diminuição da percentagem de estirpes *de S. aureus* em 2017, 2020, 2021 e 2022 para as amostras de pus superficial.

A distribuição das estirpes *de S. aureus* por amostra diferiu de um departamento para outro. Nas enfermarias cirúrgicas, as amostras de pus predominaram ao longo dos anos do estudo. Quase todas as amostras respiratórias foram recolhidas em unidades de cuidados intensivos (72,2%, n=317) e a frequência de *S. aureus* neste

tipo de amostra aumentou consideravelmente ao longo dos anos, atingindo 81% (n=84) em 2022. As hemoculturas *positivas para S, aureus* foram observadas principalmente em departamentos médicos (52,6%, n=434). No entanto, a tendência foi marcada por um predomínio de estirpes em pus superficial entre 2012 e 2016 e, a partir de 2017, as hemoculturas ocuparam o primeiro lugar.
Um estudo da resistência destas estirpes a diferentes antibióticos revelou elevadas taxas de resistência, principalmente à penicilina G (96,4%), à canamicina (28%), à eritromicina (13,8%), às tetraciclinas (28,9%), ao ácido fusídico (27,1%) e às fluoroquinolonas. Outros antibióticos com baixos níveis de resistência a esta estirpe bacteriana foram os glicopeptídeos e o cloranfenicol. A resistência aos antibióticos manteve-se relativamente estável durante o período de estudo para todas as classes terapêuticas, com exceção dos glicopeptídeos e do ácido fusídico. De facto, verificou-se um aumento constante da taxa de resistência das estirpes ao ácido fusídico, e a resistência aos glicopeptídeos tornou-se consideravelmente mais elevada a partir de 2020.
Os níveis mais elevados de resistência foram observados, principalmente nos cuidados intensivos e enfermarias médicas, na amostragem de materiais, punções e ECBU.
A resistência à meticilina é uma das principais causas de morbilidade e mortalidade a nível mundial. Durante o período de estudo, foram isoladas 828 estirpes de MRSA (18,6%). Esta taxa manteve-se relativamente estável durante o período de estudo. Ao contrário das estirpes *de S. aureus* no seu conjunto, estas estirpes predominaram nas unidades de cuidados intensivos (28,8%, n=148), no serviço de urgência (20,3%, n=30) e nas unidades cirúrgicas (18,8%, n=341), principalmente na unidade de cirurgia geral (24,4%, n=76); principalmente em hemoculturas (23,3%, n=186) e materiais (24,5%, n=34).
Certas estirpes de MRSA tornaram-se resistentes a praticamente todos os antibióticos. Além disso, registou-se uma maior resistência à canamicina (63,1%), à eritromicina (27%), às fluoroquinolonas, à tetraciclina (51,5%) e ao ácido fusídico (43,6%). A evolução da taxa de MRSA variou muito consoante o serviço.
Os agentes antimicrobianos que permanecem activos nas estirpes resistentes à meticilina são os glicopeptídeos, o que faz destes antibióticos o tratamento de referência. No entanto, tem sido descrito um aumento da resistência a esta família de antibióticos. Tendo em conta o esgotamento dos recursos terapêuticos, devem ser aplicadas medidas preventivas - para evitar o aparecimento de estirpes de MRSA.

-Recomendações e perspectivas :

A fim de otimizar o diagnóstico microbiológico, recomenda-se que todas as receitas sejam acompanhadas das informações clínicas necessárias para interpretar corretamente os resultados. Além disso, as amostras de esfregaço devem ser evitadas em favor da punção ou aspiração com uma seringa, a fim de distinguir entre infeção verdadeira e colonização.

O aumento da resistência aos antibióticos do Staphylococcus aureus é um motivo de grande preocupação. A fim de limitar a taxa de isolamento de MRSA, recomenda-se a colaboração com colegas clínicos, nomeadamente especialistas em doenças infecciosas, a fim de estabelecer um protocolo de descolonização ou um tratamento adaptado ao Hospital Universitário Fattouma Bourguiba de Monastir. Além disso, deve ser sempre consultado um especialista em antibioterapia para garantir a utilização adequada dos antibióticos e minimizar o risco de resistência antimicrobiana. Além disso, é necessário implementar uma política de rastreio dos doentes para detetar reservatórios de bactérias multirresistentes (MRB) em todos os serviços hospitalares. No nosso hospital, o rastreio só é efectuado nas unidades de cuidados intensivos.

A fim de limitar a taxa de isolamento de estirpes de MRSA, devem ser seguidas as precauções habituais, nomeadamente

- Lavagem das mãos: Praticar uma higiene rigorosa das mãos com sabão antibacteriano
- Utilização adequada de antibióticos: Evitar a utilização excessiva ou inadequada de antibióticos para prevenir a resistência bacteriana
- Isolamento dos doentes infectados: Implementar medidas de isolamento para os doentes portadores de MRSA para evitar a transmissão.
- Limpeza e desinfeção: Assegurar a desinfeção frequente das superfícies e objectos potencialmente contaminados.
- Uso de luvas e máscaras: Utilizar equipamento de proteção individual para evitar a transmissão.
- Educação e sensibilização: informar o pessoal médico, os doentes e o público sobre as práticas preventivas.
- Vigilância e controlo: Estabelecer programas de vigilância para detetar rapidamente casos de MRSA e tomar medidas preventivas.

É essencial combinar estas medidas para minimizar a propagação do MRSA e preservar a eficácia do tratamento com antibióticos. Esta é uma das prioridades do CLIAS (Comite de Lutte contre les Infections Associees aux Soins) a par dos bacilos gram-negativos.

<u>As nossas perspectivas são :</u>

- Dispor de instalações de rastreio rápido de MRSA
- Estudos moleculares avançados para acelerar a identificação de *S. aureus* e detetar MRSA
- Desenvolvimento de tecnologias moleculares (testes de amplificação de ácidos nucleicos ou NAAT)
- Melhorar a identificação e o estudo da resistência aos antibióticos em estirpes

de S. aureus

- Investigando a pista de pesquisa para detetar genes de virulência e resistência.

6 REFERÊNCIAS BIBLIOGRÁFICAS

1. **Gherardi G.** *Staphylococcus aureus* Infection: Pathogenesis and Antimicrobial Resistance (Infeção *por Staphylococcus aureus*: Patogénese e resistência antimicrobiana). *Int J Mol Sci 2023;24:8182.*

2. **Paling FP, Hazard D, Bonten MJ, Goossens H, Jafri HS, Malhotra-Kumar S, et al.** Associação de colonização por *Staphylococcus aureus* e pneumonia na unidade de terapia intensiva. *JAMA Netw Open 2020;3:e2012741.*

3. **Cheung GY, Bae JS, Otto M.** Patogenicidade e virulência de *Staphylococcus aureus*. *Virulence 2021;12:547-69.*

4. **Ahmad-Mansour N, Loubet P, Pouget C, Dunyach-Remy C, Sotto A, Lavigne JP, et al.** Toxinas *de Staphylococcus aureus*: uma atualização das suas propriedades patogénicas e potenciais tratamentos. *Toxins 2021;13:677.*

5. **Aratani T, Tsukamoto H, Higashi T, Kodawara T, Yano R, Hida Y, et al.** Associação da resistência à meticilina com a mortalidade da bacteremia por *Staphylococcus aureus* adquirida no hospital. *J Int Med Res 2021;49(11):1-12.*

6. **Dujardin M, Beti E, Vanhecke C.** Pneumopatia necrosante a *Staphylococcus aureus*. *Ann Fr Med Urgence 2018;8:178-80.*

7. **Tong SY, Davis JS, Eichenberger E, Holland TL, Fowler VG Jr.** Infecções *por Staphylococcus aureus*: epidemiologia, fisiopatologia, manifestações clínicas e tratamento. *Clin Microbiol Rev 2015;28:603-61.*

8. **Wu Q, Sabokroo N, Wang Y, Hashemian M, Karamollahi S, Kouhsari E.** Revisão sistemática e meta-análise da epidemiologia dos isolados *de Staphylococcus aureus* resistentes à vancomicina. *Antimicrob Resist Infect Control 2021;10:101.*

9. **Abubakar U, Sulaiman SAS.** Prevalência, tendência e suscetibilidade antimicrobiana de *Staphylococcus aureus* resistente à meticilina na Nigéria: uma revisão sistemática. *J Infect Public Health 2018;11:763-70.*

10. **Koinam FR, Guira F, Somda NS, Yameogo A, Bonkoungou IJ, Traore Y, et al.** Perfil de sensibilidade e resistência a antibióticos de estirpes de *Staphylococcus aureus* isoladas de fluidos de pacientes no departamento de biologia médica do laboratório nacional de saúde pública de Ouagadougou, Burkina Faso. *J Fundam Appl Sci 2016;9:553-66.*

11. **Al Musawi S, Alkhaleefa Q, Alnassri S, Alamri AM, Alnimr A.** Vigilância de onze anos de infecções por *Staphylococcus aureus* resistentes à meticilina num Centro Académico de Saúde. *J Prev Med Hyg 2022;63:E132-8.*

12. **Programa Canadiano de Vigilância das Infecções Nosocomiais.** Infecções associadas aos cuidados de saúde e resistência antimicrobiana em hospitais canadianos de cuidados agudos, 2017 a 2021. *Relatório canadiano sobre doenças transmissíveis 2023;49:263-81.*

13. **Chelkeba L, Melaku T.** Epidemiologia das espécies de estafilococos e sua

resistência antimicrobiana entre pacientes com infeção de feridas na Etiópia: uma revisão sistemática e meta-análise. *J Global Antimicrob Resist 2022;29:483-98.*

14. Dilnessa T, Bitew A. Prevalência e padrão de suscetibilidade antimicrobiana de *Staphylococcus aureus* resistente à meticilina isolado de amostras clínicas no Yekatit 12 Hospital Medical College, Addis Ababa, Etiópia. *BMC Infect Dis 2016;16:398.*

15. Shahi K, Raj Rijal K, Adhikari N, Upendra Thapa S, Raj Banjara M, Sharma VK, et al. *Staphylococcus aureus* resistente à meticilina: prevalência e antibiograma em várias amostras clínicas no Hospital Alka. *Tribhuvan Univ J Microbiol 2018;5:77-82.*

16. Noel G, Benigne B, Vincent M. Prevalência de *Staphylococcus aureus* entre os isolados clínicos e as suas respostas a antibióticos selecionados no Centro Hospitalar Universitário de Kigali (CHUK). *J Microbiol Exp 2017;5:11-12.*

17. Idrees MM, Saeed K, Shahid MA, Akhtar M, Qammar K, Hassan J, et al. Prevalência de *Staphylococcus aureus* resistente à meticilina associado a mecA e mecC em espécimes clínicos, Punjab, Paquistão. *Biomedicines 2023;11:878.*

18. Sapkota J, Sharma M, Jha B, Bhatt CP. Prevalência de *Staphylococcus aureus* isolado de amostras clínicas num hospital de cuidados terciários: um estudo descritivo transversal. *J Nepal Med Assoc 2019;57(220):398-402.*

19. Lahlou YB, Comlan AG, Maleb A, Lemnouer A, Elouennass M. Epidemiologia e perfil de resistência de bactérias Gram-positivas no hospital de treino militar Mohammed V em Rabat, Marrocos. *J Mar Sci Med 2020;22;2:20-4.*

20. Centro Europeu de Prevenção e Controlo das Doenças. Relatório epidemiológico anual de 2019 sobre a resistência antimicrobiana na UE/EEE (EARS-NET). *Estocolmo: ECDC; 2020.*

21. Centro Europeu de Prevenção e Controlo das Doenças. Relatório epidemiológico anual de 2021 sobre a resistência antimicrobiana na UE/EEE (EARS-Net). *Estocolmo: ECDC; 2022.*

22. Kika B, Abazaj E, Petri O, Koraqi A. Prevalência de *Staphylococcus aureus* e *S. aureus* resistente à meticilina em pacientes adultos hospitalizados no Centro Hospitalar "Madre Teresa" na Albânia. *Acesso aberto Maced J Med Sci 2020; 8:360-4.*

23. Centro Europeu de Prevenção e Controlo das Doenças. Relatório epidemiológico anual sobre a resistência antimicrobiana na UE/EEE (EARS-NET) para 2020. *Estocolmo: ECDC; 2022.*

24. Mendes RE, Sader HS, Castanheira M, Flamm RK. Distribuição dos principais patógenos Gram-positivos causadores de infecções da corrente sanguínea nos Estados Unidos e hospitais europeus durante o Programa de Vigilância Antimicrobiana SENTRY (2010-2016): análise concomitante da atividade in vitro da oritavancina. *J Chemother 2018;30:280-9.*

25. Frikh M, Lemouer A, Belfquih B. Profiles de sensibilite des isolats de *Staphylococcus aureus* Etude retrospective sur Huit ans dans un hopital d'instruction. *J Mar Sci Medicales 2016;20:5-9.*

26. Boutiba Ben Boubaker I, Saidani M. Antibio-Resistência na Tunísia. LART: Dados 2017: *S. aureus* (N = 1790). *Túnis: LART; 2018.*

27. Boutiba Ben Boubaker I, Saidani M. Antibio-Resistência na Tunísia LART: Dados de 2012. *S. aureus* (N=2102). *Túnis: LART; 2013.*

28. Boutiba Ben Boubaker I, Saidani M. Antibio-Resistência na Tunísia LART: Dados de 2015. *S. aureus* (N=1757). *Túnis: LART; 2016.*

29. Boutiba Ben Boubaker I, Saidani M. Antibio-Resistência na Tunísia LART: Dados de 2016. *S. aureus* (N=1496). *Túnis: LART; 2017.*

30. Miamina FA, Mtapuri-Zinyowera S, Najjuka G, Perovic O, Zayed B, Ahmed YA, Ismail MT, Pessoa da Silva CL. Sistema de Vigilância Global da Resistência e Utilização de Antimicrobianos no continente africano: Implementação inicial 2017-2019. *Afr J Lab Med 2022;11:1594.*

31. Migaud H, Senneville E, Gougeon F, Marchetti E, Amzallag M, Laffargue P. Risque infectieux en chirurgie orthopedique. *EMC- Techniques Chirurgicales - Orthopedie - Traumatologie 2005:1-15 [Artigo 44-005].*

32. Elifranji ZO, Haddad B, Salameh A, Alzubaidi S, Yousef N, Al Nawaiseh M, et al. Perfil microbiológico e análise de resistência a medicamentos de infecções pós-operatórias após cirurgia ortopédica: uma revisão retrospetiva de 5 anos. *Adv Orthop 2022;2022:7648014.*

33. Otto M. Biofilmes estafilocócicos. *Microbiol Spectr 2018;6(4):1-26*

34. Direção da Farmácia e do Medicamento. Antibioticoterapia nas infecções dos ossos e das articulações iiiguc's infecções causadas por pyogenes: recomendações nacionais. *[Em linha]. 2006 [Acedido em 21/05/2024], disponível em URL:https://www.infectiologie.org.tn/pdf_ppt_docs/ recommandations/1536342830. pdf*

35. Gangoue LG, Nguimbi E, Ondzia FRO, Mahoukou BPB, Lingouagou TM, Ngoulou TB, et al. Prevalência, resistência a quinolonas/ fluoroquinolonas de estirpes *de Staphylococcus aureus* isoladas no hospital e centro universitário de Brazzaville, República do Congo. *Adv Microbiol 2021;11:607-15.*

36. Nabti I., Tieb C. Les infecções a *Staphylococcus aureus* au CHU de Constantine [tese de mestrado]. *Constantine: Universite Freres Mentouri, Faculte des Sciences de la Nature et de la Vie; 2019.*

37. ONERBA. Relatório de actividades 2017. *[Online]. 2018 [Acedido em 21/05/2024], disponível em URL: http://onerba.org/publications/rapports-onerba/?cn-reloaded=1*

38. Worku M, Belay G, Tigabu A. Perfil bacteriano e padrões de suscetibilidade antimicrobiana em doentes com cancro. *PLoS One 2022;17:e0266919.*

39. Waitayangkoon P, Thongkam A, Benjamungkalarak T, Rachayon M, Thongthaisin A, Chatsuwan T, et al. Epidemiologia hospitalar e suscetibilidade antimicrobiana de *Staphylococcus aureus* resistente à meticilina isolado: um estudo retrospetivo de um ano num centro de cuidados terciários na Tailândia. *Pathog Glob Health 2020;114:212-7.*

40. Kanjilal S, Sater MR, Thayer M, Lagoudas GK, Kim S, Blainey PC, Grad YH. Tendências na suscetibilidade a antibióticos em *Staphylococcus aureus* em Boston, Massachusetts, de 2000 a 2014. *J Clin Microbiol 2017;56:e01160-17.*

41. Alshomrani MK, Alharbi AA, Alshehri AA, Arshad M, Dolgum S. Isolamento de Infecções do Trato Urinário *por Staphylococcus aureus* num Centro de Saúde Comunitário em Riade. *Cureus 2023;15:e35140.*

42. Sociedade Francesa de Microbiologia. Recomendações EUCAST/CA-SFM 2022 V.1.0 *[Em linha]. 2022 [Acedido em 26/05/2024], disponível em URL: https://www.sfm-microbiologie.org/wp-content/ uploads/2022/05/CASFM2022_V1.0. pdf*

43. Romano-Bertrand S, Pozzetto B, Decousser JW. Testes de suscetibilidade aos antibióticos: objectivos, métodos e interpretação. *Hygienes 2023;31:253-8.*

44. Naimi HM, Rasekh H, Noori AZ, Bahaduri MA. Determinação dos padrões de suscetibilidade antimicrobiana em estirpes *de Staphylococcus aureus* recuperadas de doentes em duas unidades de saúde principais em Cabul, Afeganistão. *BMC Infect Dis 2017;17:737.*

45. Saleem F, Fasih N, Zafar A. Padrão de suscetibilidade de *Staphylococcus aureus* resistente à meticilina à vancomicina e a outros agentes alternativos: relatório de um laboratório hospitalar do sector privado. *J Pak Med Assoc 2017;67:1743-6.*

46. Merah I, Bouguerra M, Moussaoui K, Merani N. Mecanismo molecular da resistência bacteriana aos antibióticos em casos de *Staphylococcus aureus* [Memoire de Master]. Guelma: Universite 8 Mai 1945 Faculte des Sciences de la Nature et de la *Vie et Sciences de la Terre et de l'Univers; 2021.*

47. Tara T, Khan Z, Ali H, Sardar S, Samad A, Ullah K, et al. Uma revisão da epidemiologia global e da resistência aos antibióticos de *Staphylococcus aureus. Pak J Med Health Sci 2021;15:3921.*

48. Alfeky AE, Tawfick MM, Ashour MS, El-Moghazy AA. Elevada prevalência de *Staphylococcus aureus* resistente à meticilina e multirresistente em hospitais terciários egípcios. *J Infect Dev Ctries 2022;16:795-806.*

49. Coombs GW, Daley DA, Yee NW, Shoby P, Mowlaboccus S. Grupo Australiano de Resistência Antimicrobiana (AGAR) Programa Australiano de Resultados de Sepse *por Staphylococcus aureus* (ASSOP) Relatório Anual 2020. *Commun Dis Intell 2022;46.*

50. McNeil JC, Sommer LM, Vallejo JG, Boyle M, Hulten KG, Kaplan SL, et al. Retroceder no tempo: aumento da suscetibilidade à penicilina entre infecções osteoarticulares por Staphylococcus aureus susceptíveis à meticilina em crianças. *Antimicrob Agents Chemother 2023;67:e0119622.*

51. Tasneem U, Majid M, Mehmood K, Redaina, Rehman FU, Andleeb S, et al. Coocorrência de resistência a antibióticos e genes de virulência em *Staphylococcus aureus* resistente à meticilina (MRSA) isolados do Paquistão. *Afri Health Sci 2022;22:486-95.*

52. Raut S, Bajracharya K, Adhikari J, Pant SS, Adhikari B. Prevalência de *Staphylococcus aureus* resistente à meticilina na faculdade de medicina e hospital universitário de Lumbini, Palpa, Nepal Ocidental. *BMC Res Notes 2017;10:187.*

53. Qodrati M, SeyedAlinaghi S, Dehghan Manshadi SA, Abdollahi A, Dadras O. Teste de suscetibilidade antimicrobiana de isolados de *Staphylococcus aureus* de pacientes em um hospital terciário em Teerã, Irã, 2018-2019. *Eur J Med Res 2022;27:152.*

54. Khanal A, G C S, Gaire A, Khanal A, Estrada R, Ghimire R, Panthee S. *Staphylococcus aureus* resistente à meticilina no Nepal: uma revisão sistemática e meta-análise. *Int J Infect Dis. 2021 Feb;103:48-55.*

55. Talapan D, Sandu AM, Rafila A. Resistência antimicrobiana de *Staphylococcus aureus* isolado entre 2017 e 2022 de infecções em um hospital de cuidados terciários na Romênia. *Antibiotics 2023;12:974.*

56. Carrel M, Smith M, Shi Q, Hasegawa S, Clore GS, Perencevich EN, et al. Padrões de resistência antimicrobiana de isolados *de Staphylococcus aureus* em ambulatório. *JAMA Netw Open 2024;7:e2417199.*

57. La Vecchia A, Ippolito G, Taccani V, Gatti E, Bono P, Bettocchi S, et al. Epidemiologia e suscetibilidade antimicrobiana de Staphylococcus aureus em crianças em um hospital pediátrico de cuidados terciários em Milão, Itália, 2017-2021. *Ital J Pediatr 2022;48:67.*

58. Klos M, Pomorska-Wesolowska M, Romaniszyn D, Chmielarczyk A, Wojkowska-Mach J. Epidemiologia, resistência a medicamentos e virulência de *Staphylococcus aureus* isolados de infecções oculares em pacientes polacos. *Pol J Microbiol 2019;68:541-8.*

59. Singh K, Raju V, Nikalji R, Jawale S, Patel H, Ahdal J, et al. Infecções *por Staphylococcus aureus* resistentes à meticilina em pacientes com distúrbios renais: uma revisão. *World J Nephrol Urol 2019;8:8-13.*

60. Szymanek-Majchrzak K, Mlynarczyk A, Kawecki D, Pacholczyk M, Durlik M, Deborska-Materkowska D, et al. Resistência aos aminoglicosídeos de estirpes de *Staphylococcus aureus* resistentes à meticilina, com origem nas enfermarias de cirurgia e transplantação do centro clínico de Varsóvia - uma análise retrospetiva. *Transplant Proc 2018;50:2170-5.*

61. Alle Akakpo AE. Meta analyse de la sensibilite aux antibiotiques des bacteries Isolees dans les différents produits pathologiques au mali de 2000 a 2020 [These]. *Bamako: Universite des Sciences, des Techniques et Technologies, Faculte de Medecine et d'Odonto-Stomatologie; 2021.*

62. ONERBA. Relatório de actividades 2018. *[Online]. 2019 [Acedido em 21/05/2024], disponível em URL: http://onerba.org/publications/rapports- onerba/*

63. Dikoumba A, Onanga R, Nguema P, Mangouka L, Iroungou B, Kassa F, et al. Prevalência fenotípica da resistência aos antibióticos no Gabão. *Open J Med Microbiol 2020;11:100-18.*

64. Ade TI, Osiyemi JA, Aso RE, Akinduti PA, Sunmola NO. Prevalência de resistência a macrolídeos-lincosamida-estreptogramina-B entre isolados clínicos *de Staphylococcus aureus* no hospital universitário de Ilorin, Ilorin, Nigéria. *Afr J Clin Exp Microbiol 2022;23:168-73.*

65. Khodabandeh M, Mohammadi M, Abdolsalehi MR, Alvandimanesh A, Gholami M, Bibalan MH, et al. Análise da resistência à macrolida-lincosamida-estreptogramina B entre isolados *de Staphylococcus aureus* mecA-positivos. *Perspetiva de pesquisa em saúde pública de Osong 2019;10:25-31.*

66. Shariati A, Dadashi M, Chegini Z, van Belkum A, Mirzaii M, Khoramrooz SS, et al. The global prevalence of Daptomycin, Tigecycline, Quinupristin/Dalfopristin, and Linezolid-resistant *Staphylococcus aureus* and coagulase-negative staphylococci strains: a systematic review and metaanalysis. *Antimicrob Resist Infect Control 2020;9:56.*

67. Quincampoix JC, Mainardi JL. Mecanismos de resistência em cocos gram-positivos. *Reanimação 2001;10:267-75.*

68. Alta Autoridade de Saúde. Tratamento de infecções bacterianas cutâneas de curta duração: Methode Recommandations pour la pratique clinique. *Paris: HAS; 2019.*

69. Mezghani Maalej S, Malbruny B, Leclercq R, Hammami A. Emergência de estirpes *de Staphylococcus aureus* resistentes à pristinamicina em Sfax (Tunísia). *Pathol Biol (Paris) 2012;60(6):e71-4.*

70. Verneuil L, Marchand C, Vidal JS, Ze Bekolo R, Daurel C, Lebouvier G, et al. Factores associados à emergência de *Staphylococcus aureus* resistente à pristinamicina num departamento de dermatologia: um estudo de caso-controlo. *Br J Dermatol 2010;163:329-33.*

71. Gade ND, Qazi MS. Terapia com fluoroquinolonas em infecções por *Staphylococcus aureus*: em que ponto estamos? *J Lab Physicians 2013;5:109-12.*

72. de Lastours V, Fantin B. Resistência às fluoroquinolonas em 2010: que impacto na prescrição em cuidados intensivos. *Reanimação 2010;19:347-53.*

73. Alta Autoridade de Saúde. Estratégia de antibioterapia e prevenção de resistências bacterianas em estabelecimentos de saúde. Recomendação de boa prática. *Paris: HAS; 2008.*

74. Xu Y, Wang B, Zhao H, Wang X, Rao L, Ai W, et al. Atividade in vitro da vancomicina, teicoplanina, linezolida e daptomicina contra isolados *de Staphylococcus aureus* resistentes à meticilina recolhidos em hospitais chineses em 2018-2020. *Infect Drug Resist 2021;14:5449-56.*

75. Wilcox M, Al-Obeid S, Gales A, Kozlov R, Martmez-Orozco JA, Rossi F, et al. Comunicação da concentração inibitória mínima elevada de vancomicina em *Staphylococcus aureus* resistente à meticilina: consenso de um grupo de trabalho internacional. *Future Microbiol 2019;14:345-52.*

76. Gourdeau M, Le Guerrier P, Pilon PA, St-Antoine P, Dolce P, Trudeau G. Les Infections Nosocomiales. Mesures de contrôle et de prévention des infections a Staphylococcus aureus ayant une sensibilité reduite a la vancomycine au Quebec: Lignes directrices provisoires pour les centres hospitaliers quebecois. *Quebec: Sante et Services Sociaux; 2002.*

77. Lee YC, Chen PY, Wang JT, Chang SC. Prevalência de resistência à fosfomicina e mutações genéticas em isolados clínicos de *Staphylococcus aureus* resistente à meticilina. *Antimicrob Resist Infect Control 2020;9:135.*

78. Chen T, Zhao L, Liu Y, Wang Y, Jian Y, Zhao N, et al. Mecanismos de resistência à fosfomicina de alto nível na linhagem epidémica ST5 de *Staphylococcus aureus. JAntimicrob Chemother 2022;77:2816-26.*

79. Amissah NA, van Dam L, Ablordey A, Ampomah OW, Prah I, Tetteh CS, et al. Epidemiologia de Staphylococcus aureus numa unidade de queimados de um centro de cuidados terciários no Gana. *PLoS One 2017;12:e0181072.*

80. Hajikhani B, Goudarzi M, Kakavandi S, Amini S, Zamani S, van Belkum A, et al. A prevalência global de resistência ao ácido fusídico em isolados clínicos de *Staphylococcus aureus*: uma revisão sistemática e meta-análise. *Antimicrob Resist Infect Control 2021;10:75.*

81. Alta Autoridade de Saúde. Comissão da transparência síntese de aviso 13 de outubro de 2021: Acido fusídico. *Paris: HAS; 2021.*

82. Hull RC, Wright RCT, Sayers JR, Sutton JAF, Rzaska J, Foster SJ, et al. Os antibióticos limitam a adaptação do *Staphylococcus aureus* resistente aos medicamentos à hipoxia. *Antimicrob Agents Chemother 2022;66:e0092622.*

83. Kriegeskorte A, Lore NI, Bragonzi A, Riva C, Kelkenberg M, Becker K, et al. As variantes de pequenas colónias de *Staphylococcus aureus* dependentes de timidina são induzidas por trimetoprim-sulfametoxazol (SXT) e têm uma maior aptidão durante o desafio SXT. *Antimicrob Agents Chemother 2015;59:7265-72.*

84. Wang C, Fang R, Zhou B, Tian X, Zhang X, Zheng X, et al. Evolução dos mecanismos de resistência e caraterísticas biológicas de estirpes *de Staphylococcus aureus* resistentes à rifampicina selecionadas in vitro. *BMC Microbiol 2019;19:220.*

85. Huang J, Zhang F, Zhang J, Dai J, Rong D, Zhao M, et al. Caracterização molecular de isolados de *Staphylococcus aureus* resistentes à rifampicina de alimentos a retalho na China. *Antibiotics (Basel) 2021;10:1487.*

86. Vestergaard M, Frees D, Ingmer H. Antibiotic resistance and the MRSA Problem (Resistência aos antibióticos e o problema do MRSA). *Microbiol Spectr 2019;7(2).*

87. Ahoyo AT, Baba-Moussa L, Makoutode M, Gbohoun A, Bossou R, Dramane K, et al. Incidência de *Staphylococcus aureus* resistente à meticilina no departamento de neonatologia do hospital departamental Zou et Collines no Benim. *Arch Pediatr 2006;13:1391-6.*

88. Zerouki A, Abada S, Tali-Maamar H, Rahal K, Naim M. Caracterização de infecções do local cirúrgico *por Staphylococcus aureus* resistentes à meticilina em cirurgia ortopédica e de trauma num hospital argelino. *Rev Chir Orthop Traumatol 2015;101:176-80.*

89. Friedman L; Wallar L; Papadopoulos A. Factores de risco ambientais para MRSA adquirido na comunidade. *Vancouver, BC: Centro Nacional de Colaboração para a Saúde Ambiental; 2015.*

90. Kouatchet A, Eveillard M. Meticillin-resistant *Staphylococcus aureus* in intensive care. *Med Intensive Reanim 2012;21:493-505.*

91. Massaly A, Ka D, Shall K, Badiane AS, Fall NM, Diallo Mbaye K, et al. Perfil das infecções associadas aos cuidados de saúde e resistência aos antibióticos num departamento de doenças infecciosas (Dakar, Senegal). *Jaccr Infectiology 2022;4(2):1-10.*

92. Jamard S, Ferry T, Valour F. Fisiopatologia das infecções osteoarticulares. *Rev Rhum Monogr 2022;89:3-10.*

93. Kimmig A, Hagel S, Weis S, Bahrs C, Loffler B, Pletz MW. Gestão de infecções da corrente sanguínea *por Staphylococcus aureus. Front Med (Lausanne) 2021;7:616524.*

94. Mesrati I, Saidani M, Jemili M, Ferjeni S, Slim A, Boubaker IB. Determinantes de virulência, produção de biofilme e suscetibilidade antimicrobiana em *Staphylococcus aureus* causando infecções associadas a dispositivos em um hospital tunisiano. *Int J Antimicrob Agents 2018;52:922-9.*

95. Garriga Ferrer-Bergua L, Borrull Senra AM, Perez Velasco C, Montero Valladares C, Collazo Vallduriola I, Moya Villanueva S, et al. Taxa de *Staphylococcus aureus* resistente à meticilina em serviços de urgência pediátricos em Espanha *An Pediatr (Barc) 2022;97:95-102.*

MIX
Papier aus verantwortungsvollen Quellen
Paper from responsible sources
FSC® C105338

Printed by Books on Demand GmbH, Norderstedt / Germany